机械制图习题集（第二版）

›› 主　编　蒋慧琼

›› 副主编　祁　锋

›› 参　编（排名不分先后）

毕　思　张宗巧　李芳环　陈慧珍

華中科技大學出版社

http://www.hustp.com

中国·武汉

图书在版编目(CIP)数据

机械制图习题集/蒋慧琼主编. —2 版. —武汉:华中科技大学出版社,2022.6
ISBN 978-7-5680-8350-8

Ⅰ.①机… Ⅱ.①蒋… Ⅲ.①机械制图-高等学校-习题集 Ⅳ.①TH126-44

中国版本图书馆 CIP 数据核字(2022)第 091271 号

机械制图习题集(第二版) 蒋慧琼 主编
Jixie Zhitu Xiti-ji(Di-er Ban)

策划编辑:袁 冲
责任编辑:史永霞
封面设计:孢 子
责任监印:朱 玢
出版发行:华中科技大学出版社(中国·武汉) 电话:(027)81321913
武汉市东湖新技术开发区华工科技园 邮编:430223
录 排:武汉创易图文工作室
印 刷:武汉市洪林印务有限公司
开 本:787mm×1092mm 1/16
印 张:11.75
字 数:300 千字
版 次:2022 年 6 月第 2 版第 1 次印刷
定 价:38.00 元

华中出版

本书若有印装质量问题,请向出版社营销中心调换
全国免费服务热线:400-6679-118 竭诚为您服务

前　言

本习题集是由编者汲取许多院校教学改革和教材改革的成功经验，了解往届毕业生及用人单位对机械类相关专业学生的制图知识和绘图能力的需求，在2013年祁锋主编的第一版的基础上修订而成的。机械制图是一门技术性很强的基础课程，只有通过绘图和读图的练习才能掌握机械制图的基本理论方法和技能。在选题过程中，我们充分注意到“读图能力”的训练。本习题集与《机械制图》（毕思主编）教材配套使用。

本习题集由武昌工学院蒋慧琼担任主编，长江职业学院祁锋担任副主编。参加编写的有武昌工学院毕思、张宗巧、李芳环，沈阳化工大学科亚学院陈慧珍。

由于作者编写水平有限，书中难免存在错误和不足之处，恳请读者批评指正，以便我们及时改进。

编　者

2021年10月

目　　录

班级　　姓名　　学号

第1章　制图基本知识和技能

1. 字体练习。

制 图 的 基 本 知 识 和 技 能

字 体 工 整 笔 画 清 楚 间 隔 均 匀 排 列 整 齐

2. 字体练习。

A B C D E F G H I J K L M

a b c d e f g h i j k l m

N O P Q R S T U V W X Y Z

n o p q r s t u v w x y z

班级　　姓名　　学号

第1章　制图基本知识和技能

3. 图线练习，照样画出各种图线。

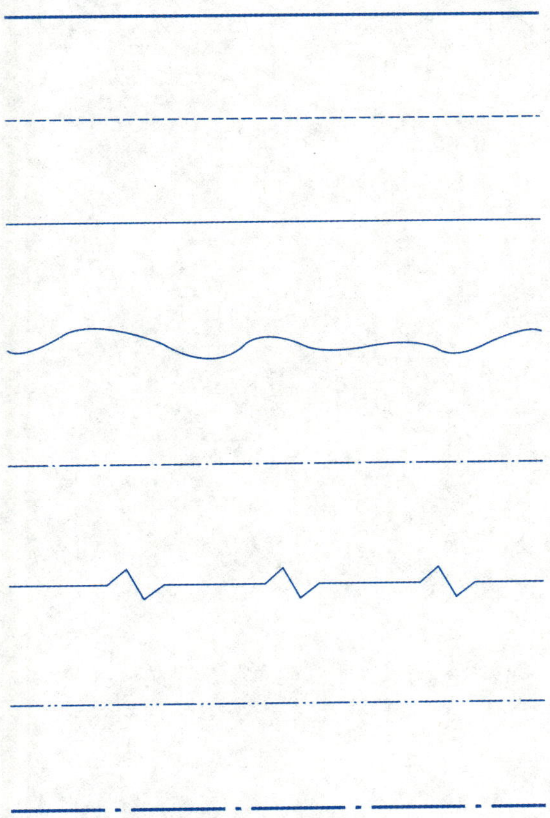

4. 图线练习，照样画出下面图形。

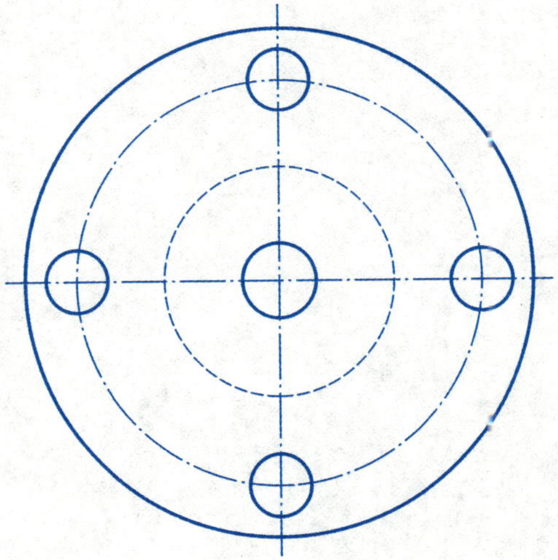

第1章　制图基本知识和技能

5. 尺寸标注练习，在给定的尺寸线上画出箭头并填写尺寸数值（尺寸数值按1:1从图上量取，取整数）。

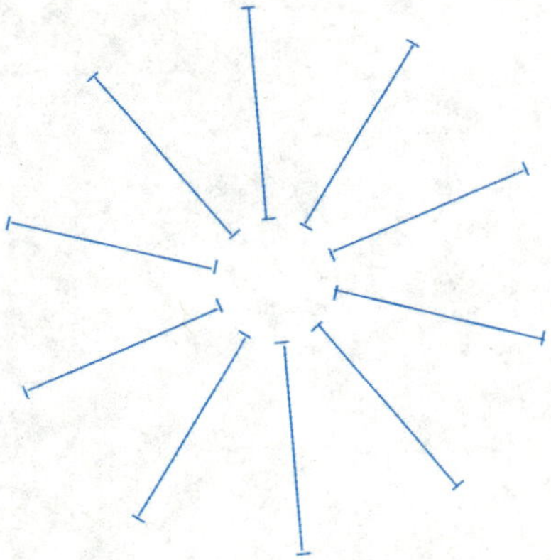

6. 标注下面图形的尺寸（尺寸数值按1:1从图上量取，取整数）。

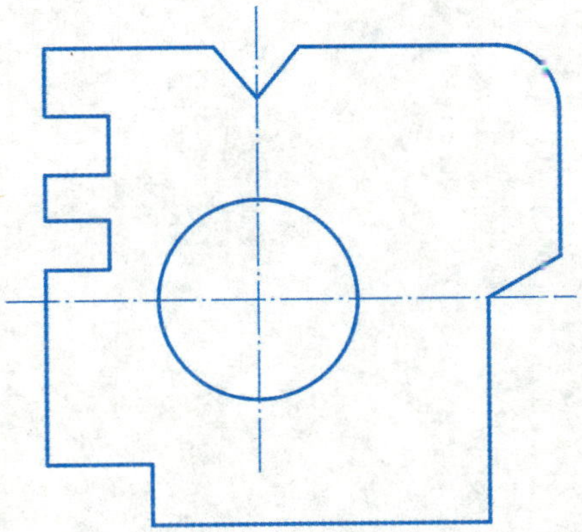

7. 指出图中尺寸标注错误的地方，并在下图中改正（尺寸数值按1∶1从图上量取，取整数）。

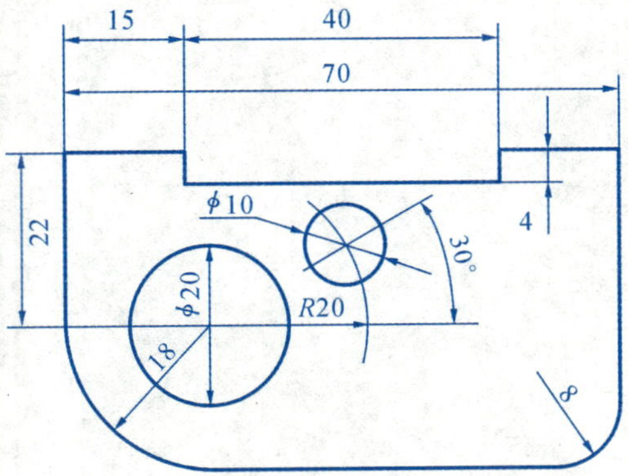

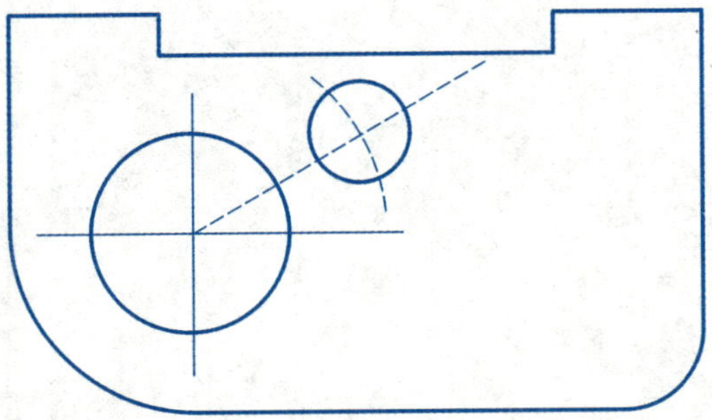

8. 在指定位置画出1∶5斜度，并标注。

9. 在指定位置画出1∶5锥度，并标注。

10. 用作图工具绘制正六边形，其外接圆直径为50 mm。

11. 用作图工具绘制正五边形，其外接圆直径为 50 mm。

12. 用四心法绘制椭圆，已知椭圆的长轴为78 mm，短轴为54 mm。

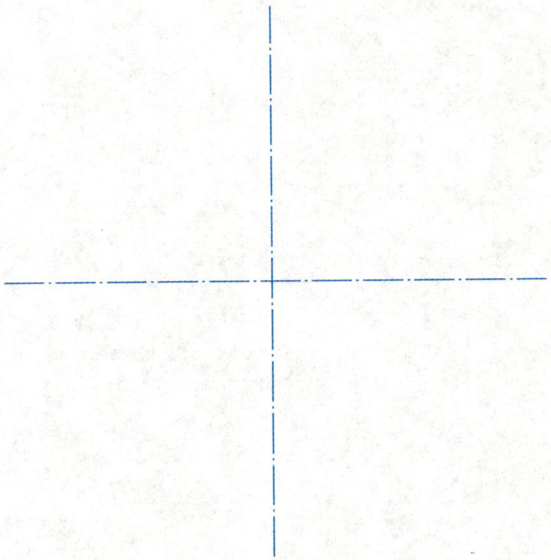

第1章　制图基本知识和技能

13. 按给定图例，1∶1完成下列图形的连接线，标出连接弧圆心和切点（保留作图痕迹）。

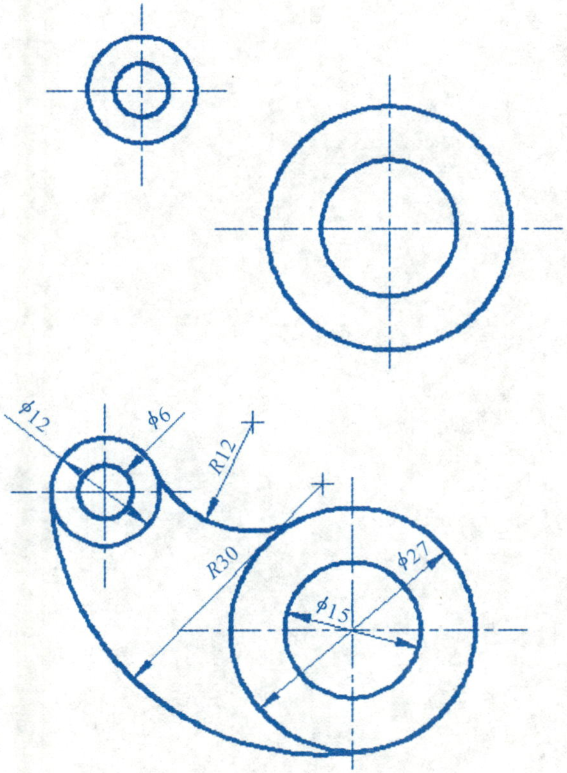

14. 按给定图例，1∶1完成下列图形的连接线，标出连接弧圆心和切点（保留作图痕迹）。

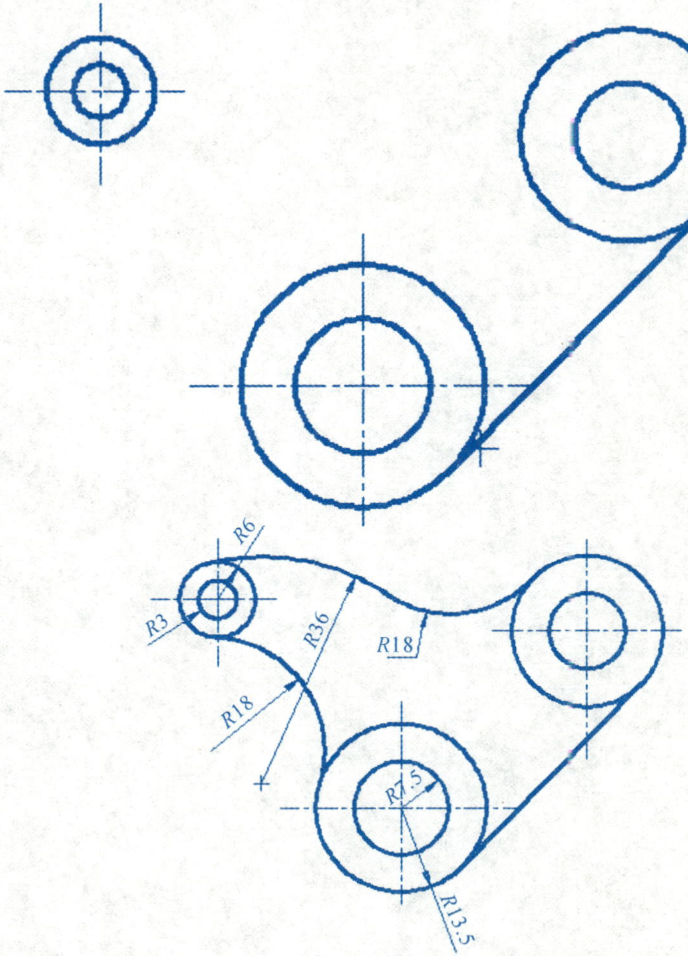

第1章　制图基本知识和技能

15. 在A4图纸上按照1∶1的比例抄画下面的图形。

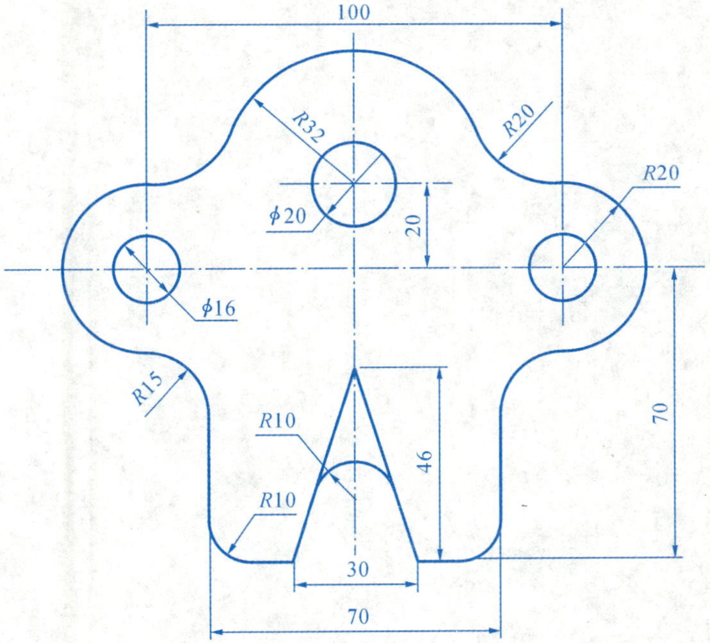

16. 在A4图纸上按照1∶1的比例抄画下面的图形。

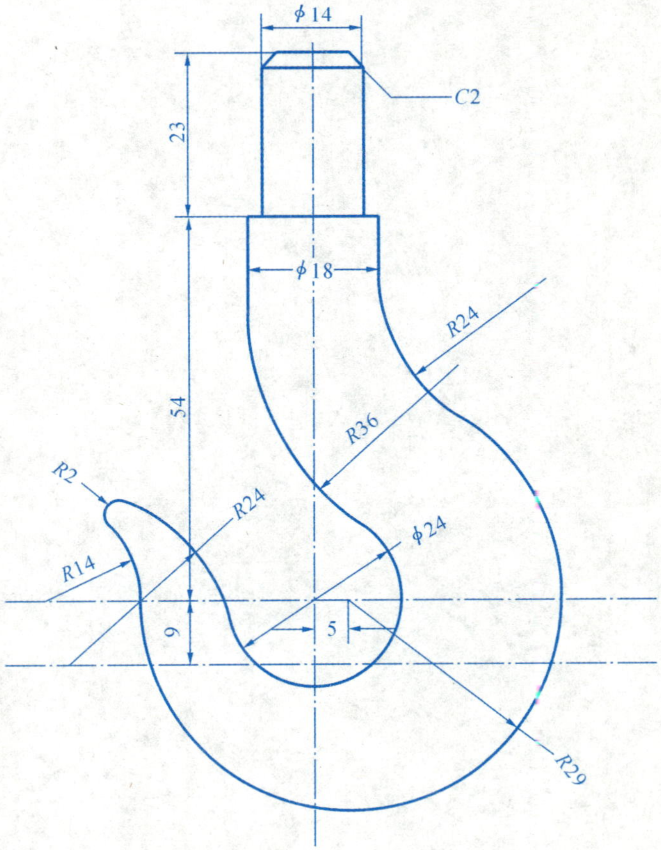

第2章　点、直线和平面的投影及相对位置

1. 已知点A、B、C的两面投影，求第三面投影，并标注。

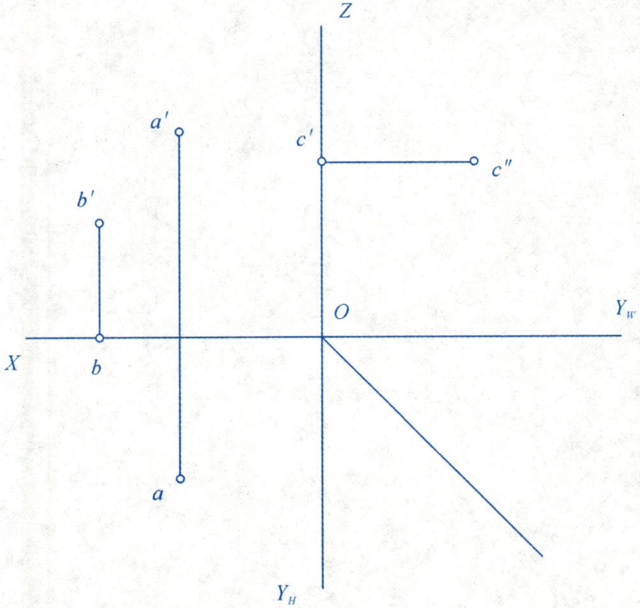

2. 判断点A、B、C、D、E空间所在的位置。

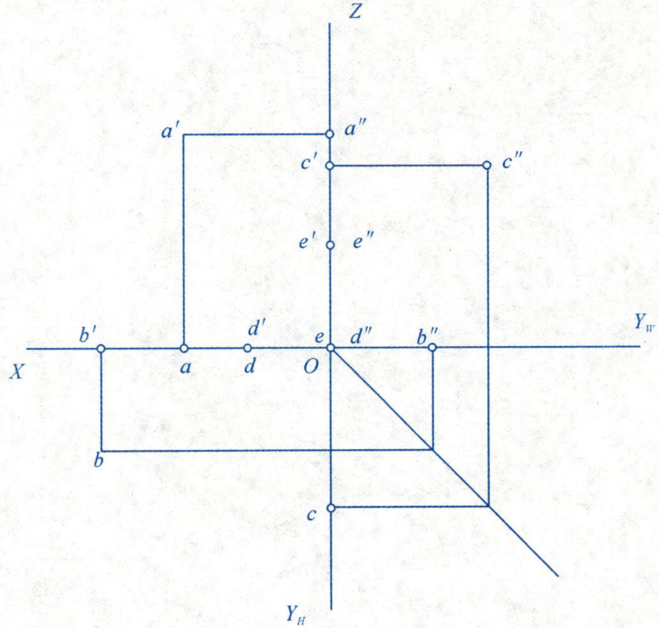

A ________ ; B ________ ; C ________ ; D ________ ; E ________

第2章　点、直线和平面的投影及相对位置

3. 已知点A（25，10，20）、点B（10，20，15），求作A、B的三面投影，并判断A、B的相对位置关系。A、B的相对位置关系为__________________________。

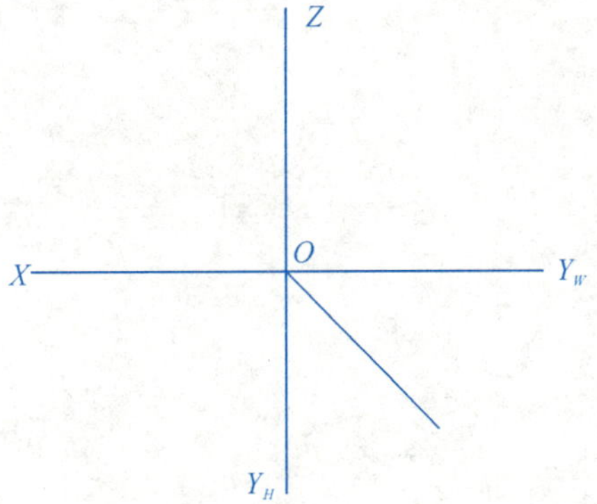

4. 已知点A的三面投影，点B在点A之左8 mm，之前5 mm，之上10 mm，求作点B的三面投影。

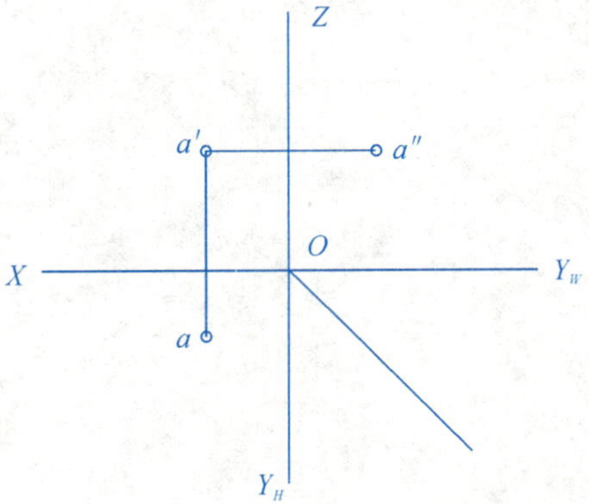

5. 已知点A距W面20 mm，点B在点A正上方10 mm，点C与点A是正面的重影点，其Y坐标为30 mm，点D在点A正下方10 mm。补全各点的三面投影，并标注可见性。

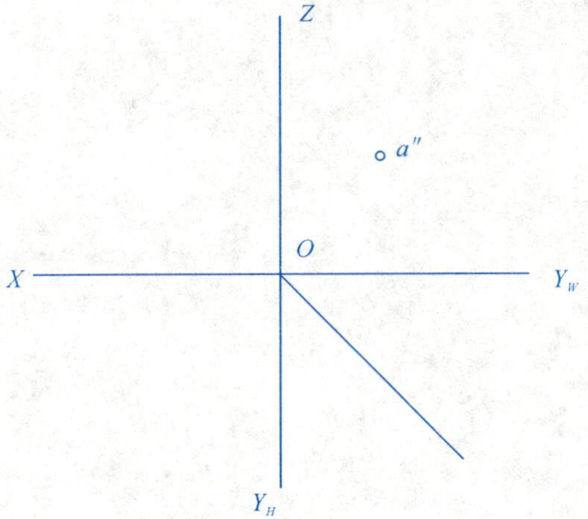

第2章　点、直线和平面的投影及相对位置

6. 补画直线的第三面投影，并判断其对投影面的位置，填写直线名称。

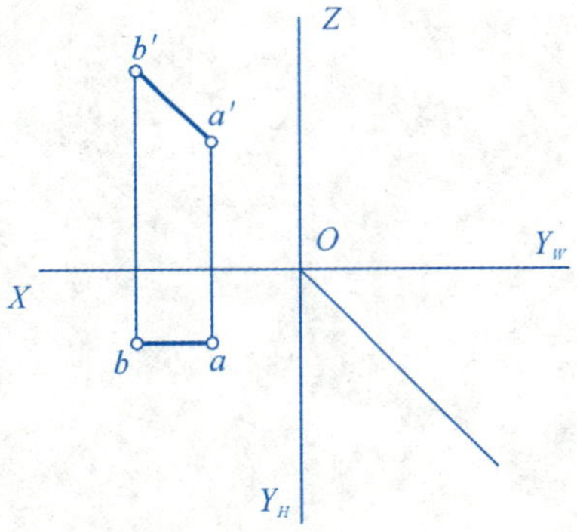

________线

7. 补画直线的第三面投影，并判断其对投影面的位置，填写直线名称。

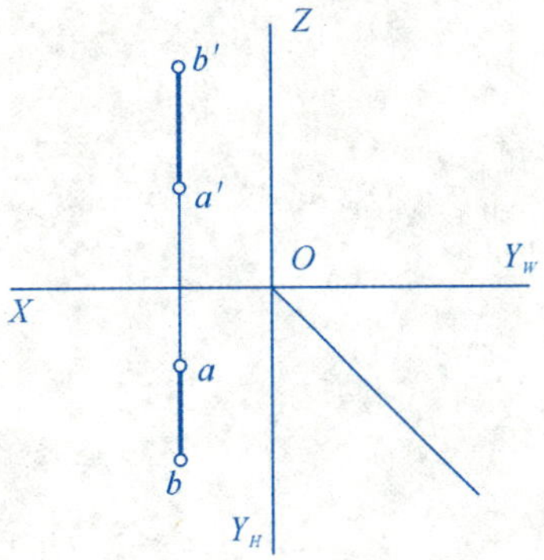

________线

8. 补画直线的第三面投影，并判断其对投影面的位置，填写直线名称。

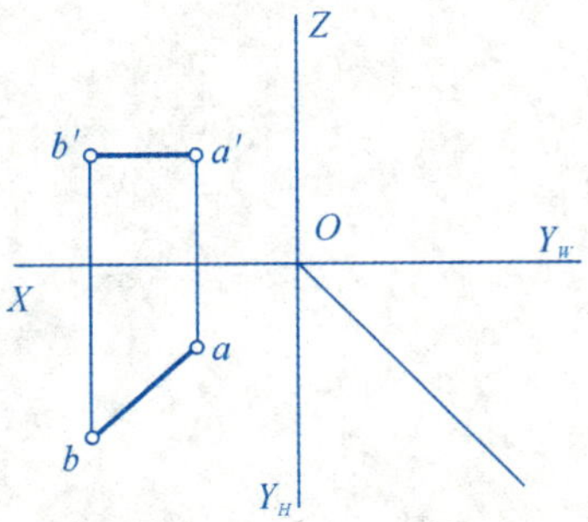

________线

9. 补画直线的第三面投影，并判断其对投影面的位置，填写直线名称。

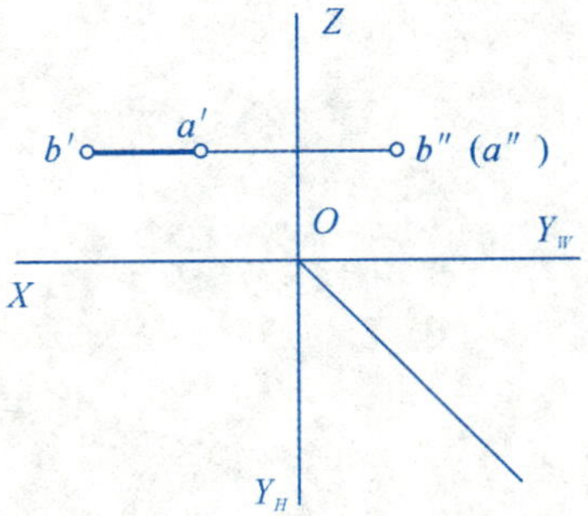

________线

班级　　姓名　　学号

第2章　点、直线和平面的投影及相对位置

10. 补画直线的第三面投影，并判断其对投影面的位置，填写直线名称。

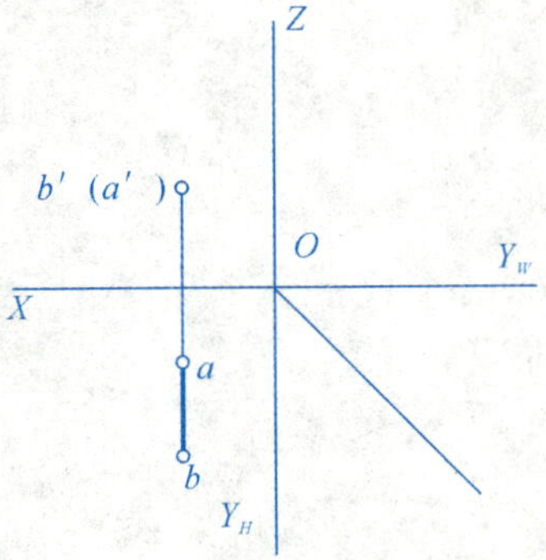

________线

11. 补画直线的第三面投影，并判断其对投影面的位置，填写直线名称。

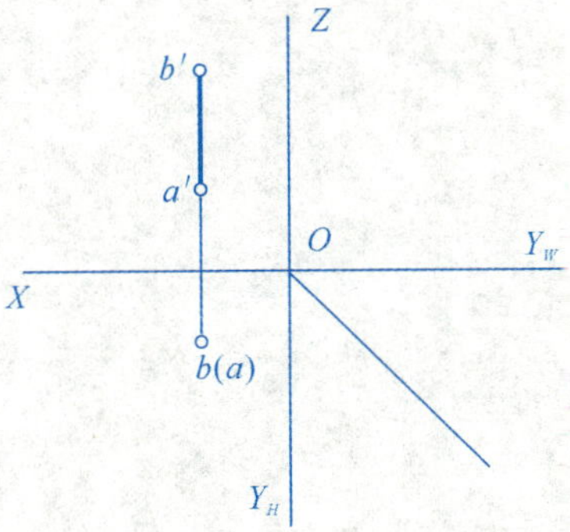

________线

12. 在三视图中标出直线的投影，并说明其空间位置。

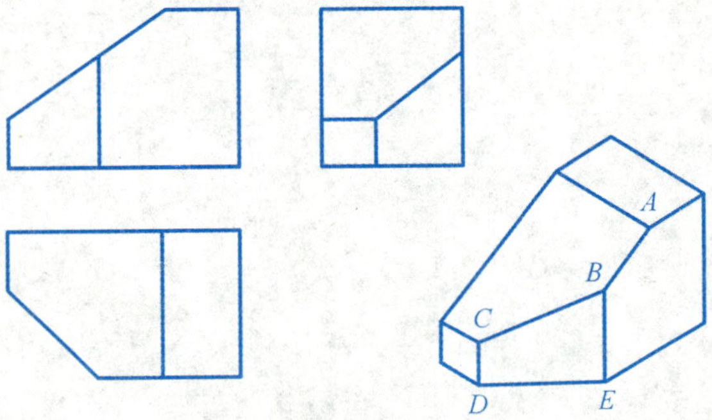

AB是________线

BC是________线

BE是________线

CD是________线

DE是________线

第2章　点、直线和平面的投影及相对位置

13. 根据直线的一个投影，求出另外两投影，并在轴测图上标注其位置。

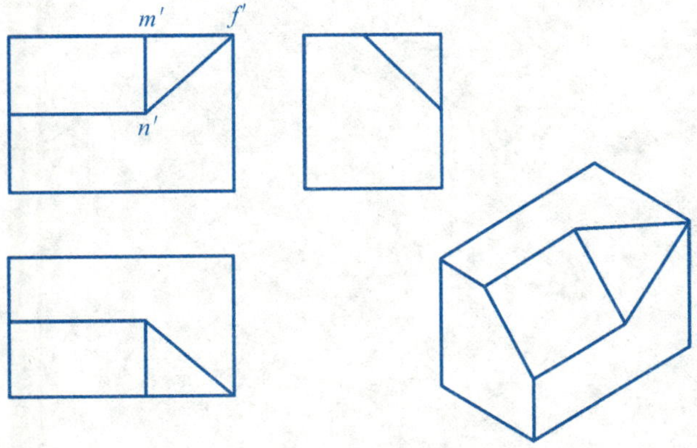

MN是________线；MF是________线；NF是________线

14. 在已知直线段AB上求一点C，使AC：AB=1：2。

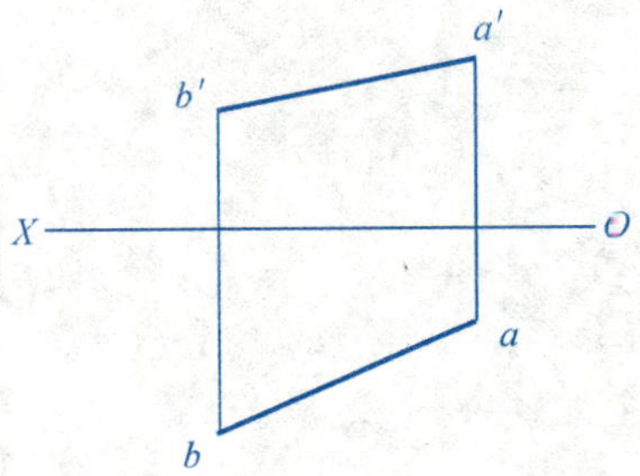

15. 在直线AB上作一点K，使点K距H面为20 mm。

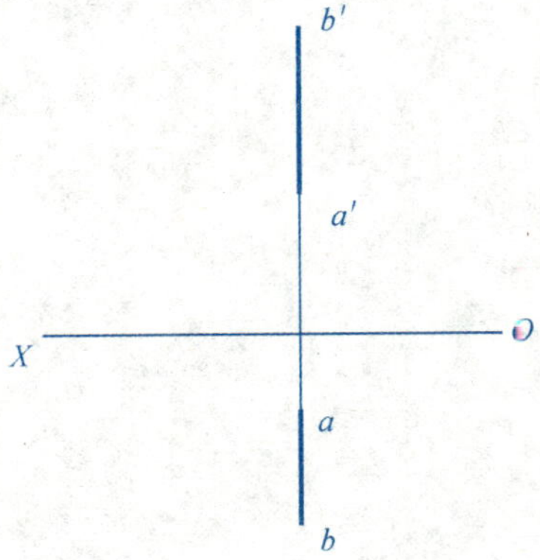

第2章　点、直线和平面的投影及相对位置

16. 已知线段*AB*的两面投影，求作*AB*的实长及其对*V*面、*W*面、*H*面的倾角。

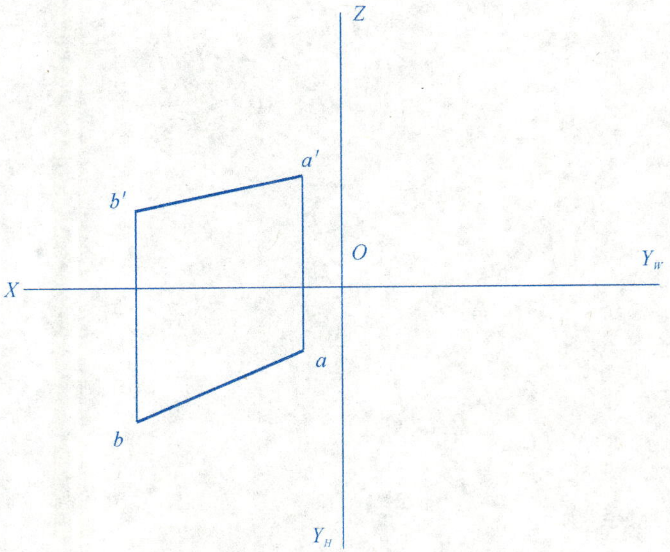

17. 已知$a'b'$//*X*轴，完成菱形*ABCD*的正面投影。

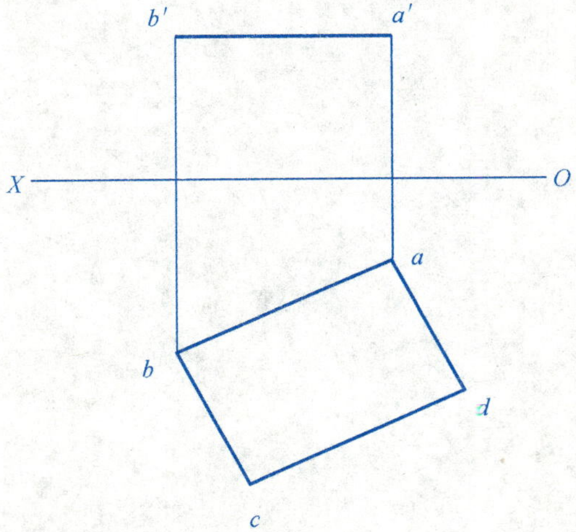

18. 判断直线AB与CD的相对位置（平行、相交、交叉）。

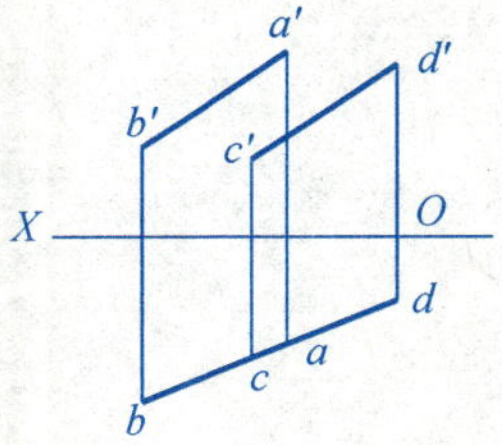

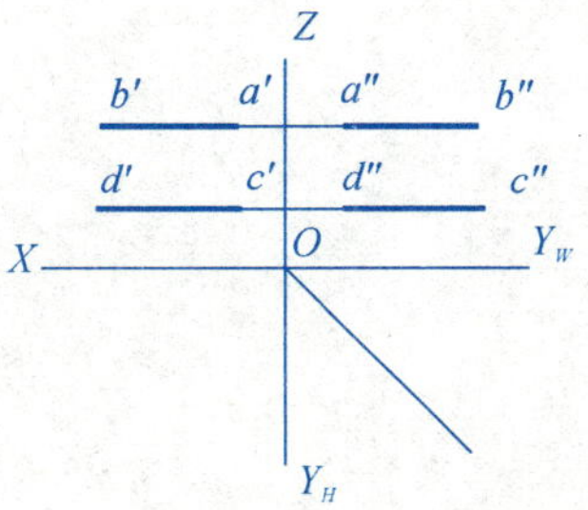

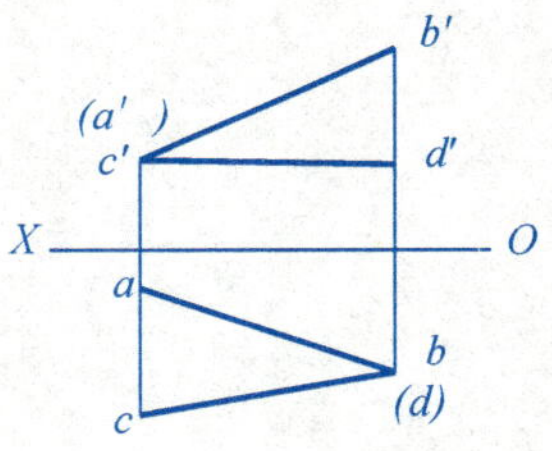

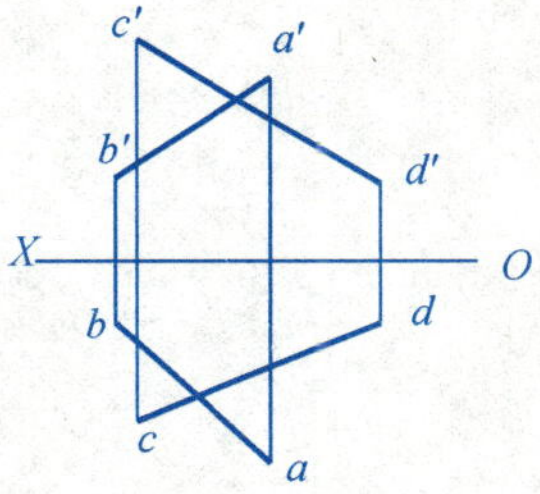

19. 作交叉直线AB、CD的共垂线EF。

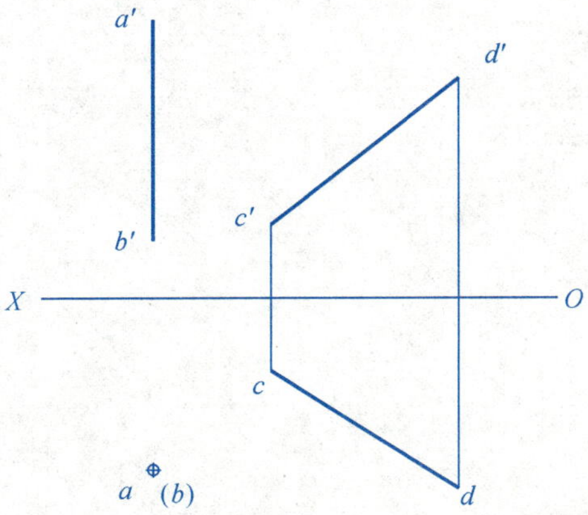

20. 已知菱形$ABCD$的对角线AC的水平面投影$ac//X$轴，以及另一对角线BD的端点B的水平投影，请作出该菱形的投影。

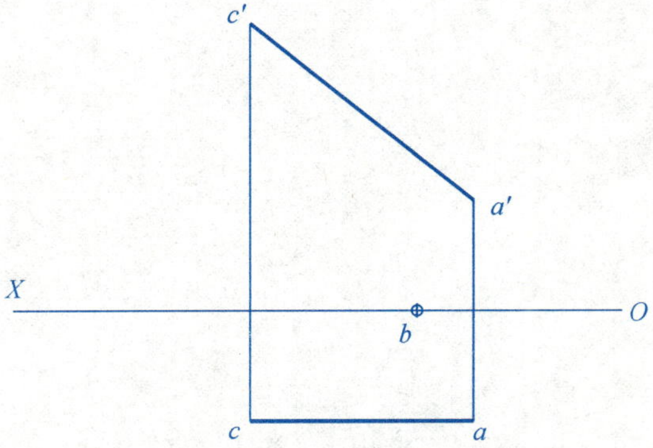

第2章　点、直线和平面的投影及相对位置

21. 根据立体图，在投影图上标出平面A、B、C的三面投影（如平面R），并填空。

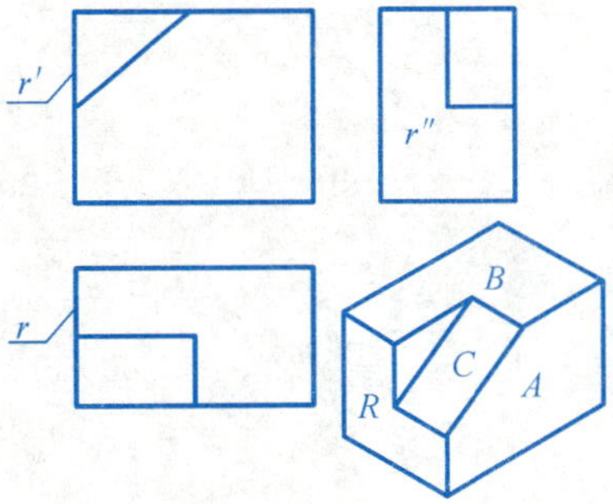

R面是____面；
A面是____面；B面是____面；C面是____面。

22. 补画平面的第三面投影，并判断其对投影面的位置，填写平面名称。

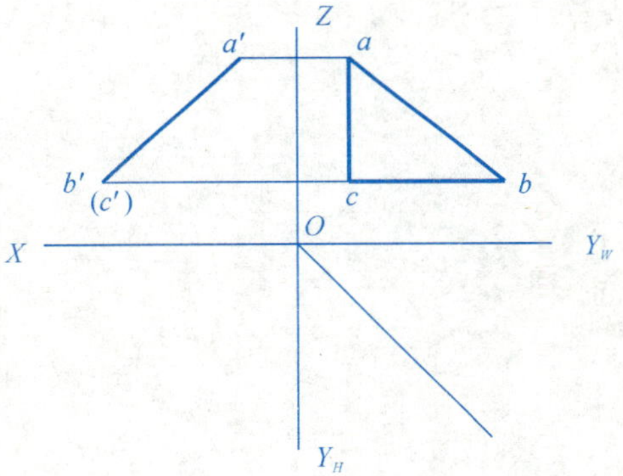

________面

23. 补画平面的第三面投影，并判断其对投影面的位置，填写平面名称。

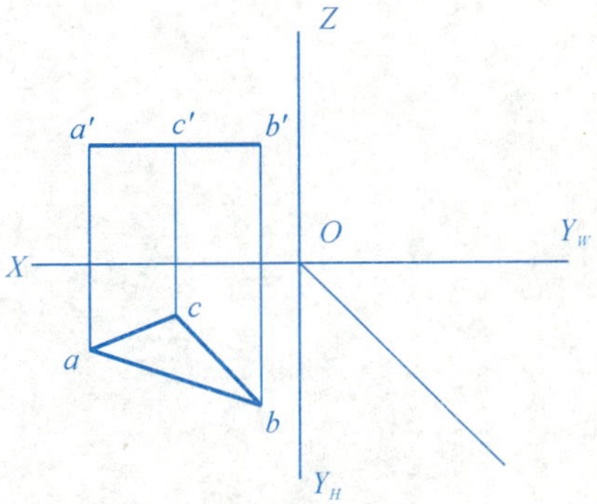

________面

24. 补画平面的第三面投影，并判断其对投影面的位置，填写平面名称。

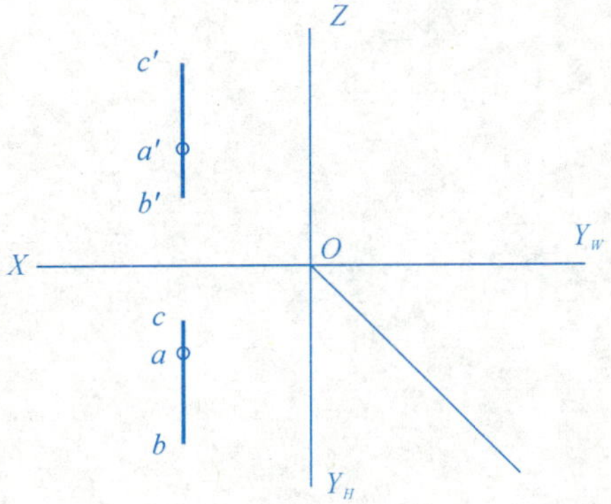

________面

第2章　点、直线和平面的投影及相对位置

25. 已知平面上一点K的投影，求其另一投影。

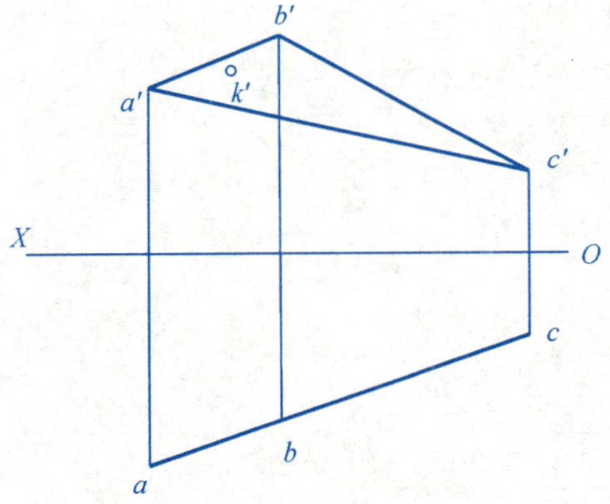

26. 已知平面上一点K的投影，求其另一投影。

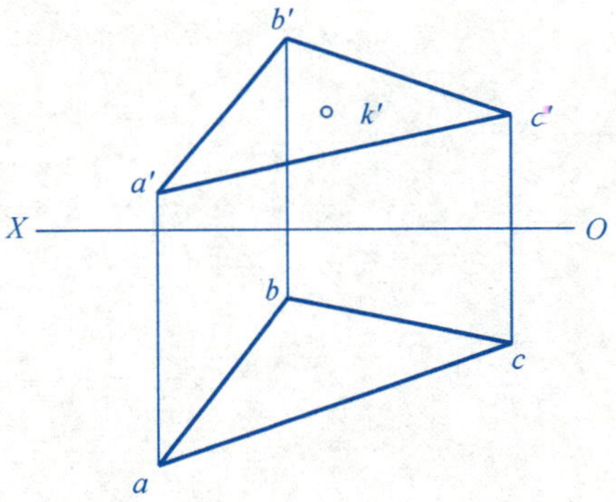

27. 已知$AD//V$面，补全$ABCD$的水平投影。

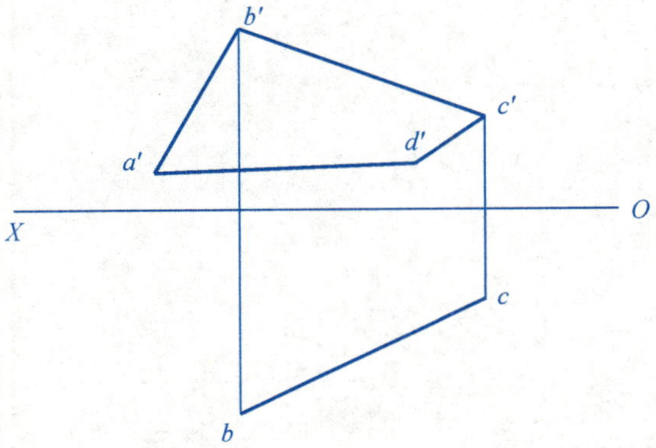

28. 完成五边形$ABCDE$的正面投影。

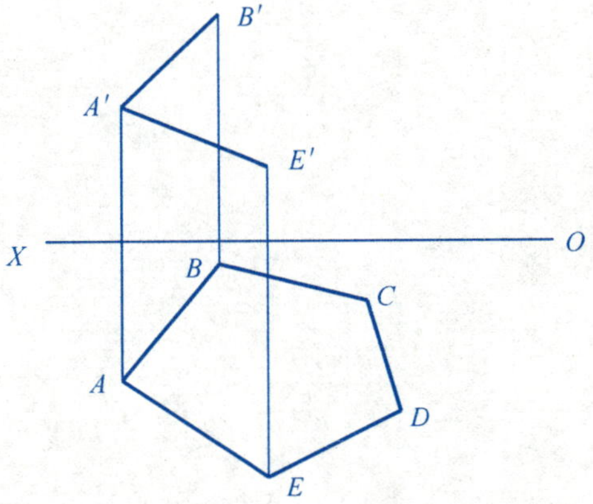

29. 求平面$ABCD$对V面的倾角θ_V。

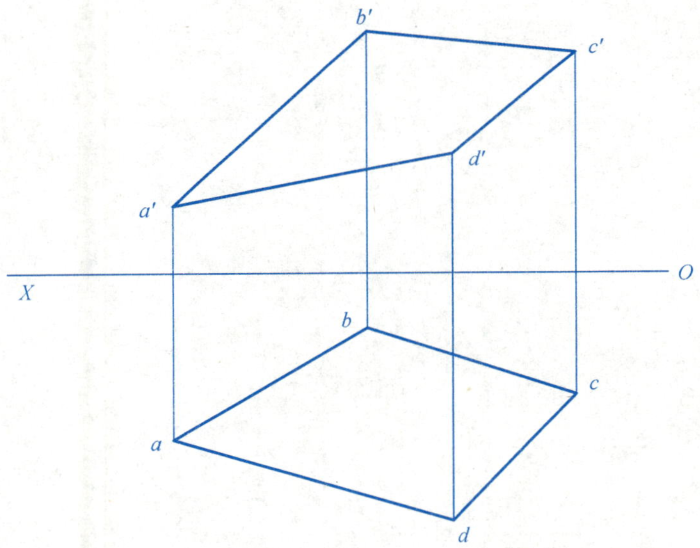

30. 已知直线*DE*与平面*ABC*平行，求*DE*的投影。

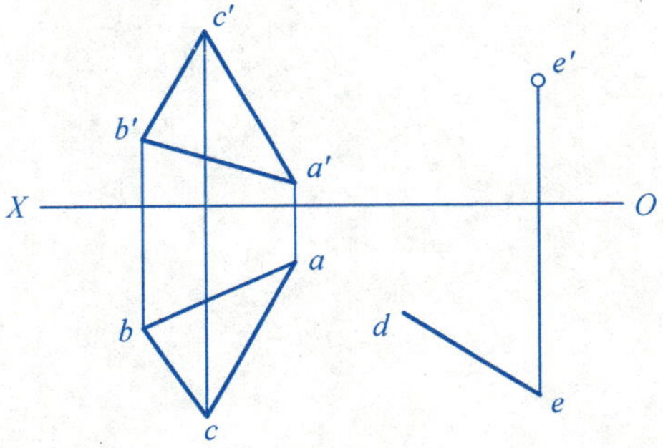

31. 过*E*点作直线平行于平面*ABC*和*H*面。

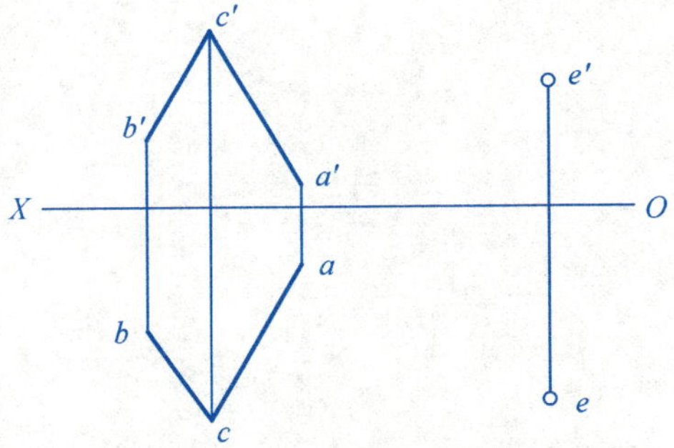

32. 已知*DE*平行于平面*ABC*，求平面*ABC*的投影。

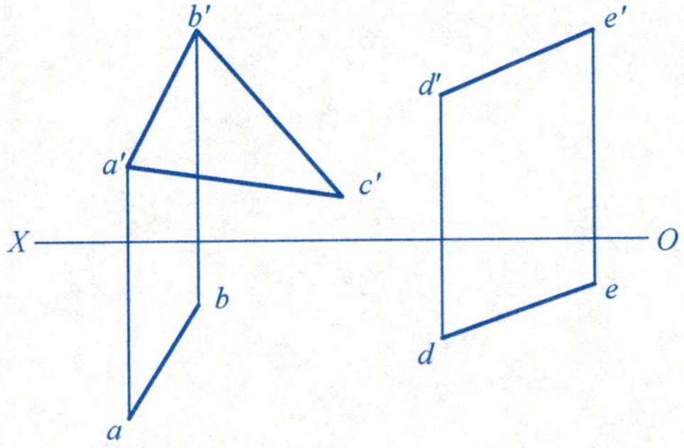

33. 求直线*EF*与平面*ABC*的交点，并判断其可见性。

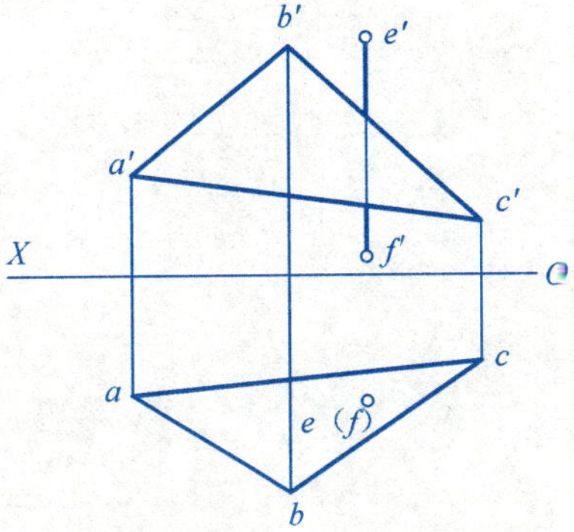

第2章　点、直线和平面的投影及相对位置

34. 求直线*EF*与*ABC*的交点，并判断其可见性。

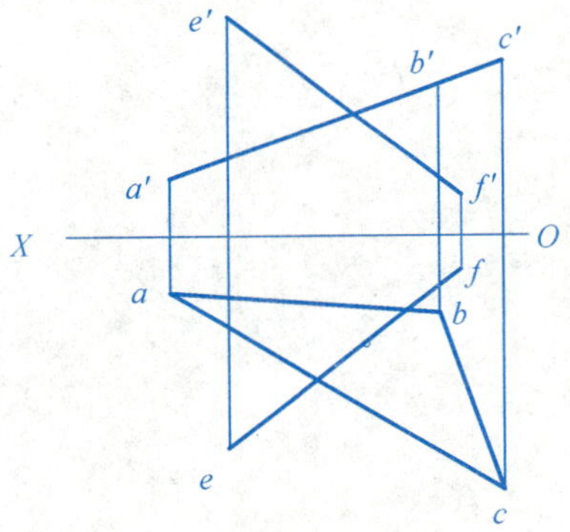

35. 作出两平面*ABC*与*DEFG*的交线，并判断其可见性。

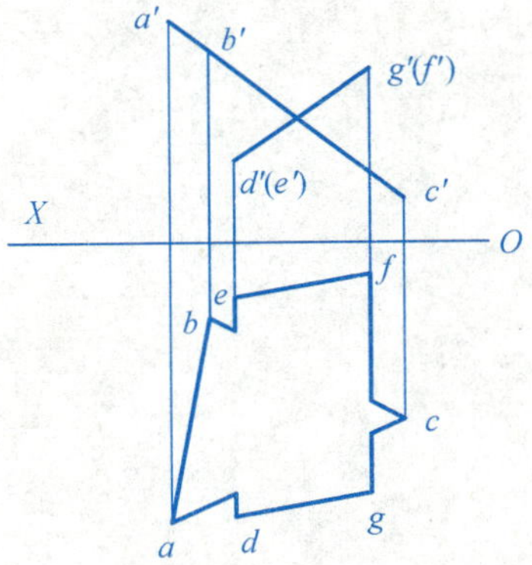

36. 求直线*EF*与*ABC*的交点，并判断其可见性。

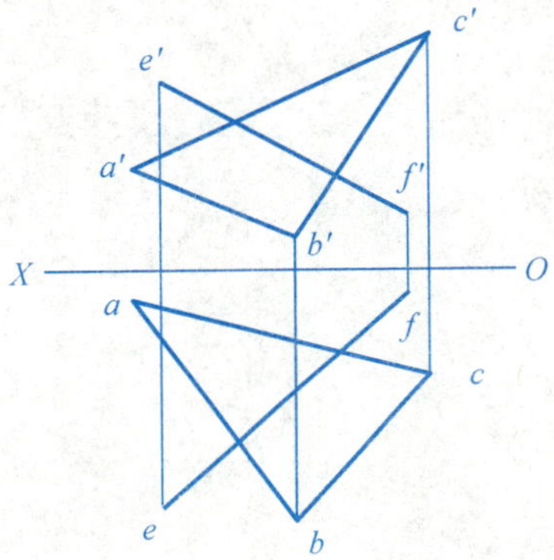

37. 过点*A*作一直线与*BC*、*DE*二直线相交。

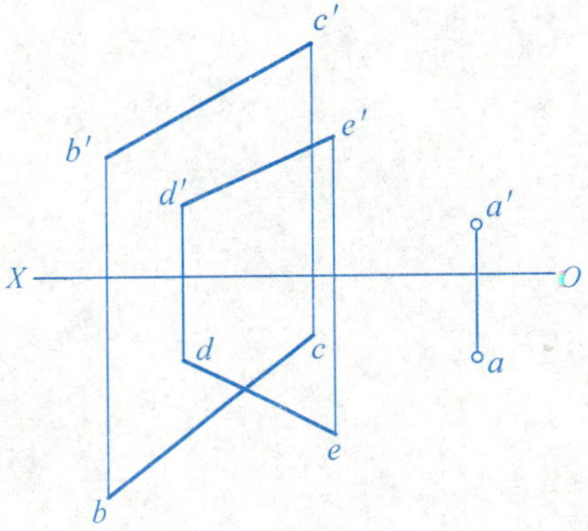

第2章　点、直线和平面的投影及相对位置

38. 作出两平面△*ABC*和△*DEF*的交线，并判断其可见性。

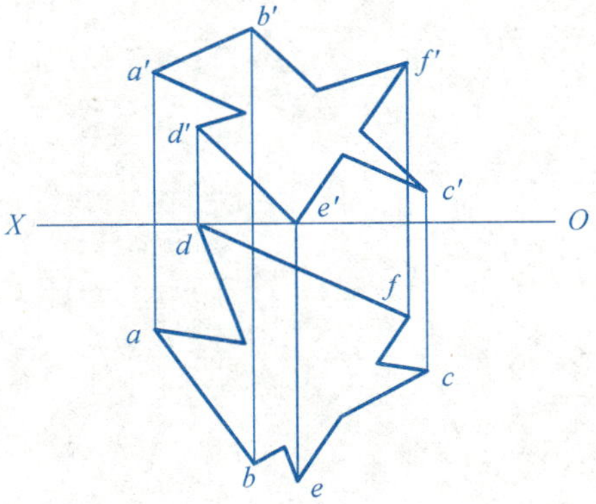

39. 判断直线*MN*是否与△*ABC*垂直，是打"√"，否打"×"。

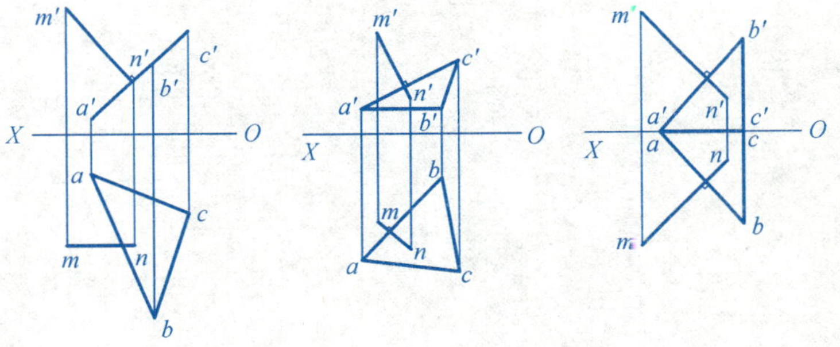

（　）　　（　）　　（　）

40. 过点*A*作一平面垂直于直线*AB*。

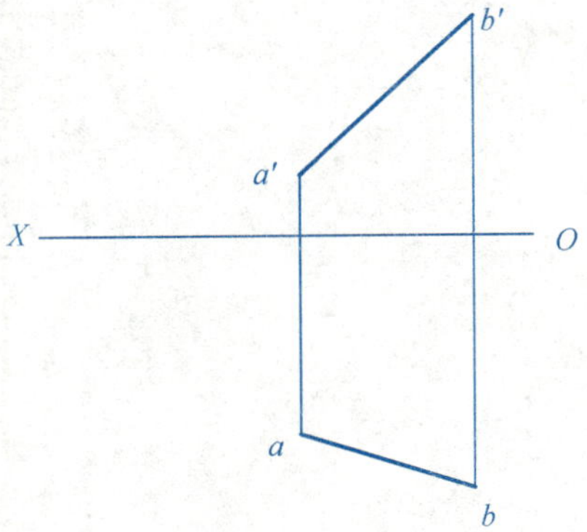

41. 过*ABCD*的中心，作该平面的垂线*EF*。

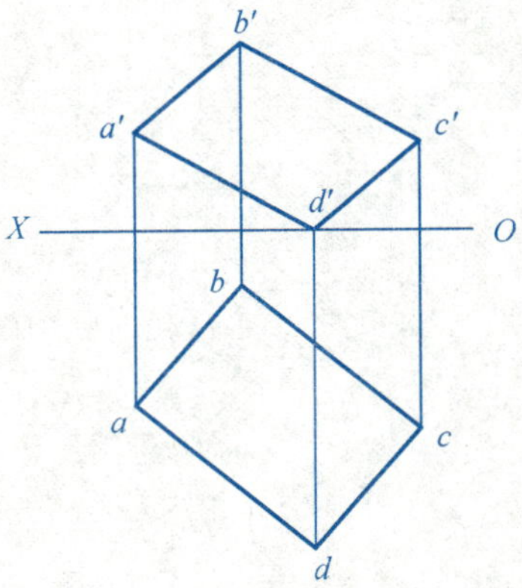

第2章　点、直线和平面的投影及相对位置

42. 过点A作直线，与FG平行，与平面BCDE垂直。

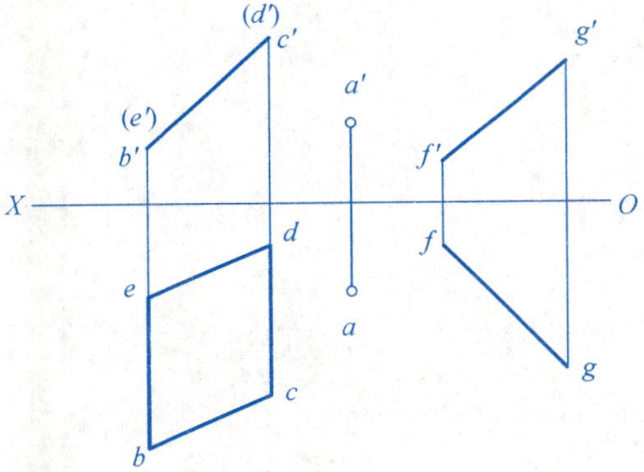

43. 判断下列两平面是否垂直，是打“√”，否打“×”。

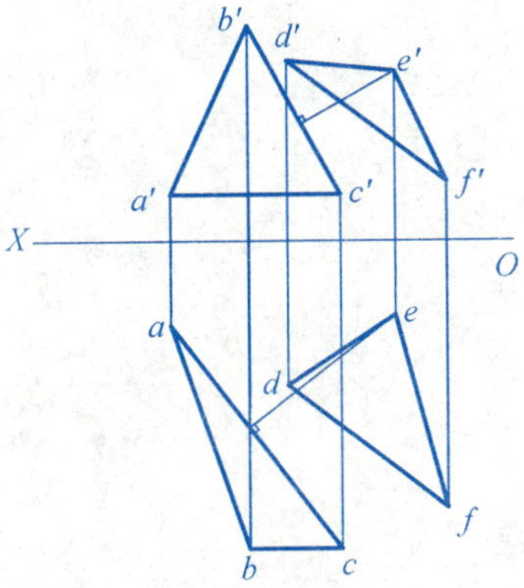

(　　)

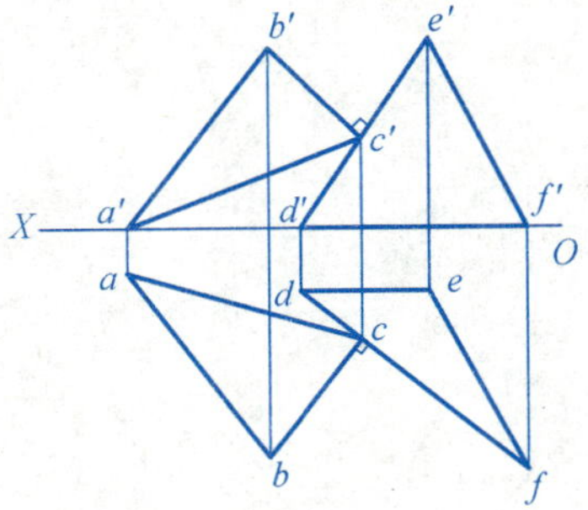

(　　)

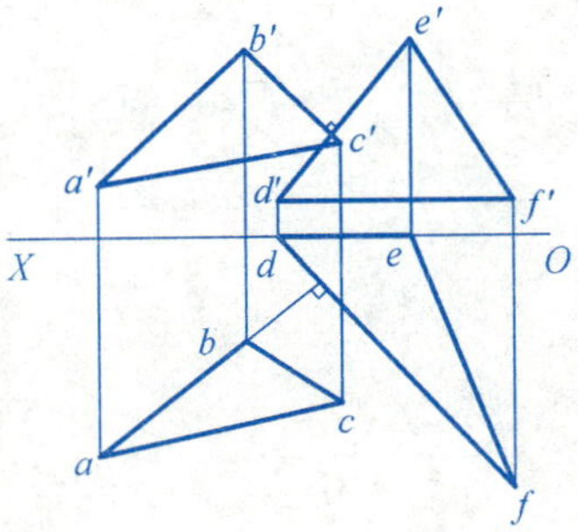

(　　)

第2章　点、直线和平面的投影及相对位置

44. 在直线AB上求作一点K，与C、D两点等距。

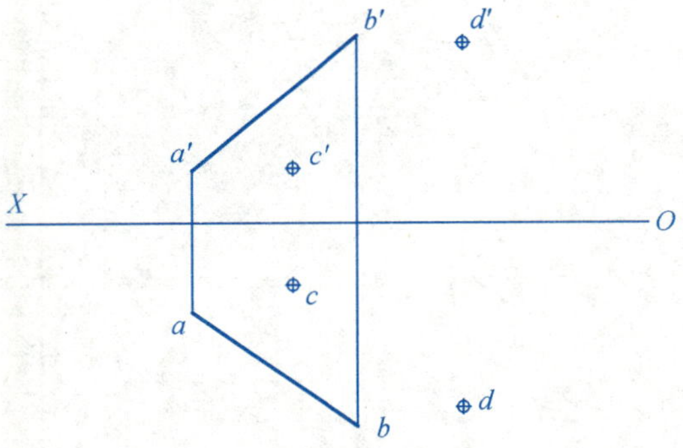

45. 已知等腰三角形ABC中腰AB的两面投影，又知底边属于直线BM，求作此等腰三角形。

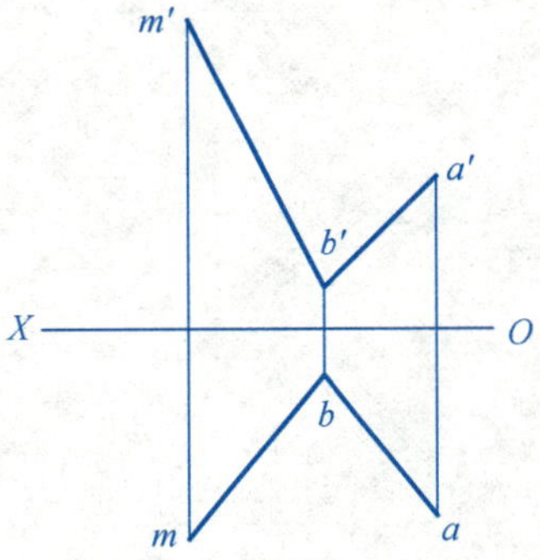

46. 已知菱形$ABCD$的对角线BD的两个投影，顶点A属于直线EF，求此菱形的投影。

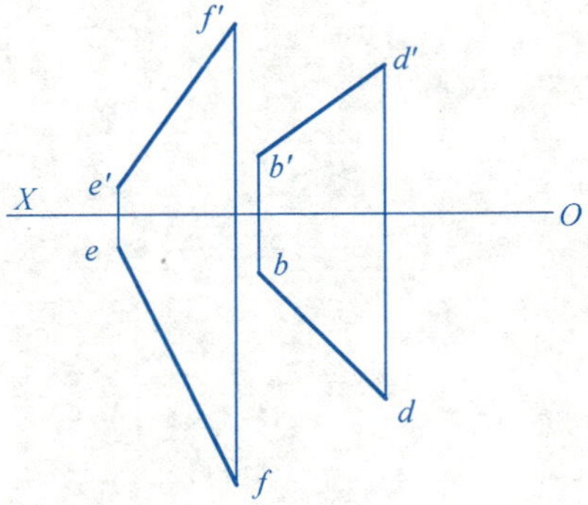

第3章　投影变换

1. 作出点 A、B、C 的所有投影。

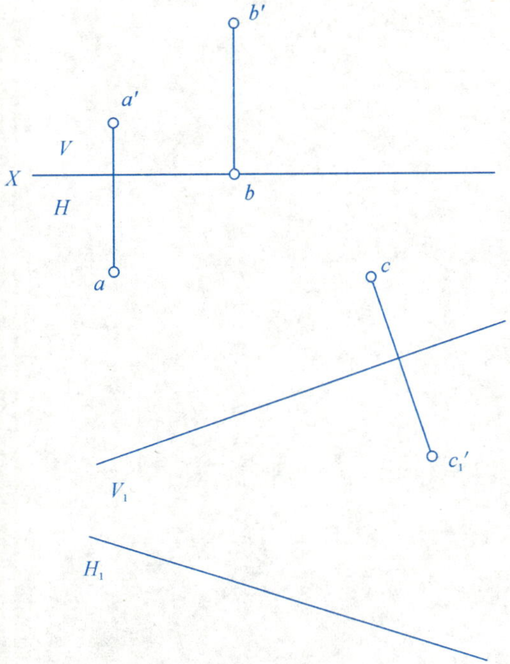

2. 求点 A 到直线 BC 的距离。

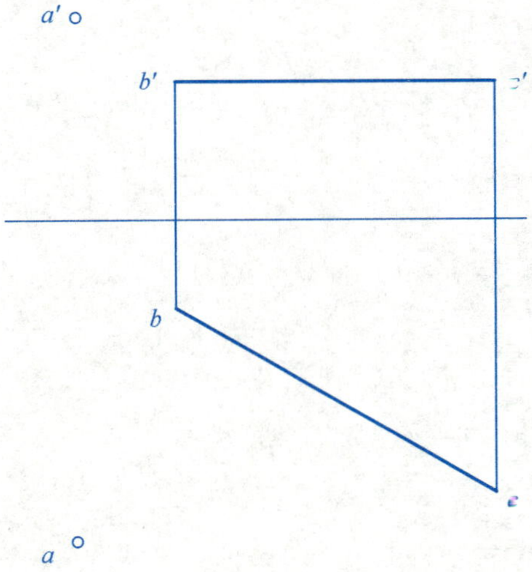

第3章　投影变换

3. 求点D到平面ABC的距离。

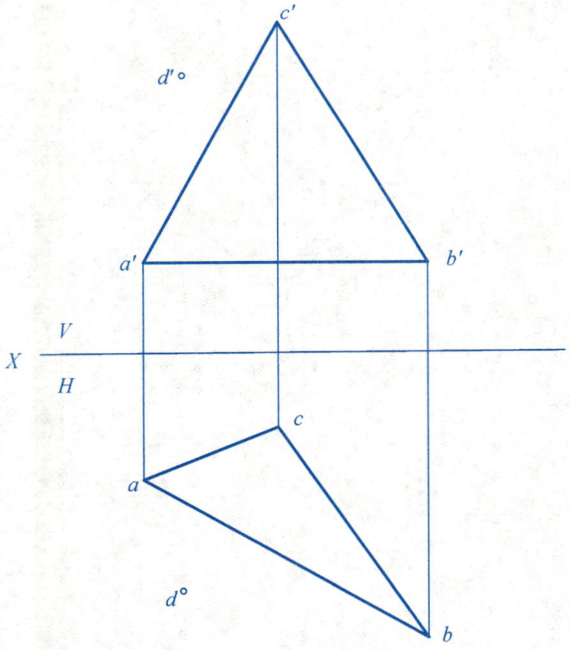

4. 求平面$ABCD$与H面的夹角θ_H。

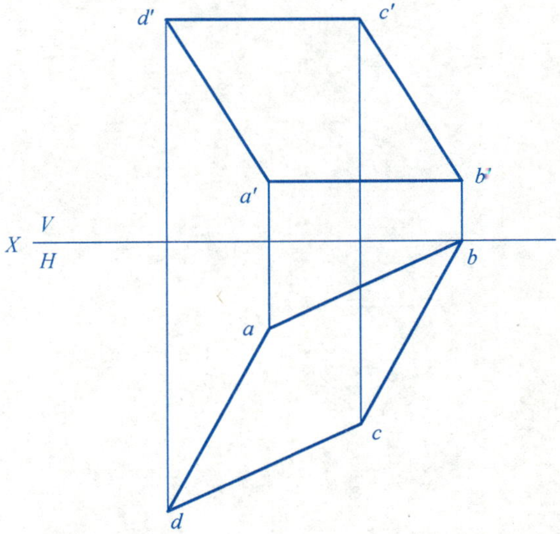

第3章　投影变换

5. 求△*ABC*的实形。

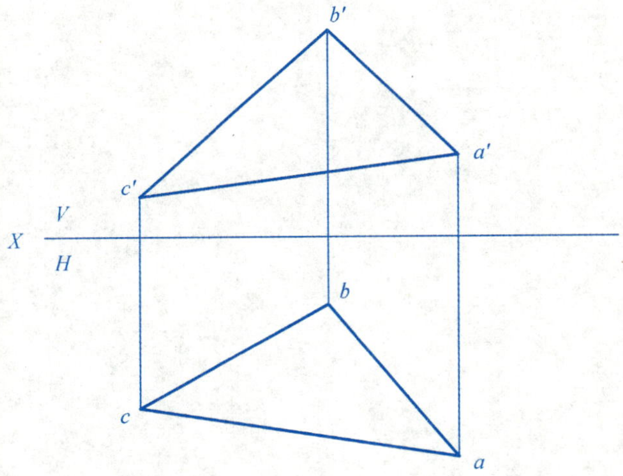

班级　　姓名　　学号

第4章　立体的投影

1. 补全 A、B、C 三点的投影。

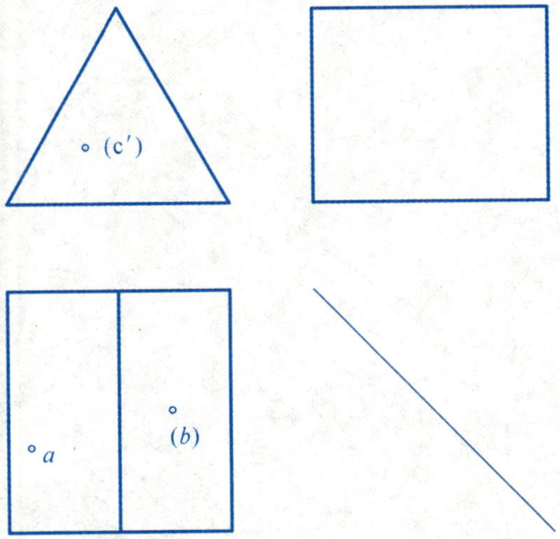

2. 补全直线 AB 和点 C 的投影。

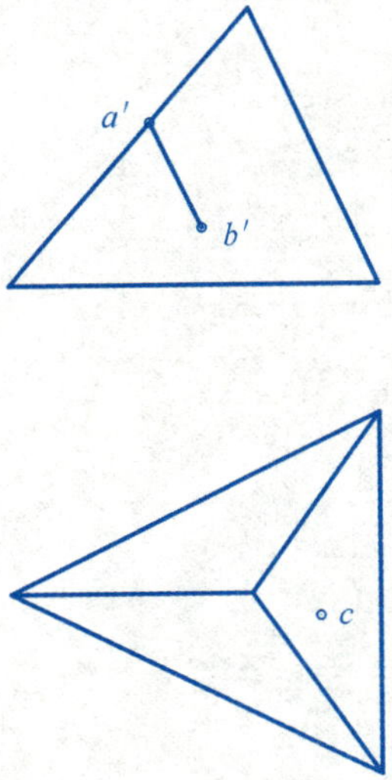

3. 补全直线 *AB*、*BC*、*CD* 的投影。

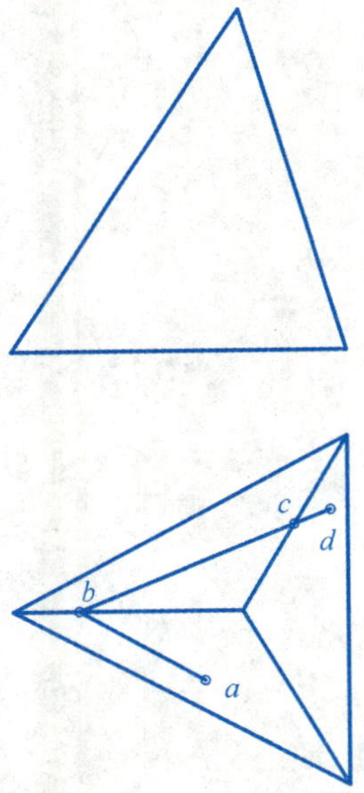

4. 补全直线 *AB*、*BC* 和点 *D* 的投影。

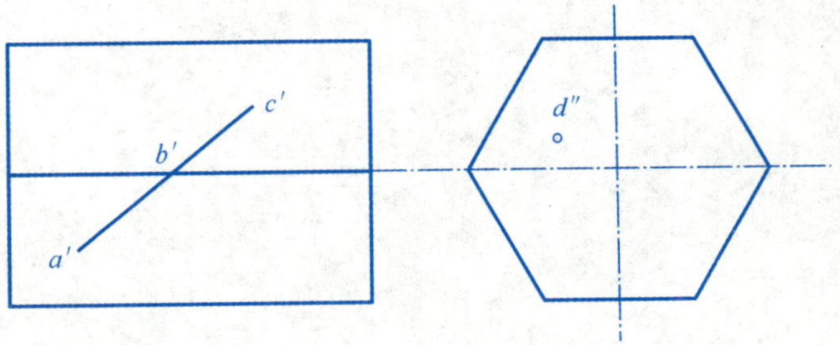

第4章　立体的投影

5. 补全直线*AB*、*BC*、*CD*、*DE*、*EF*的投影。

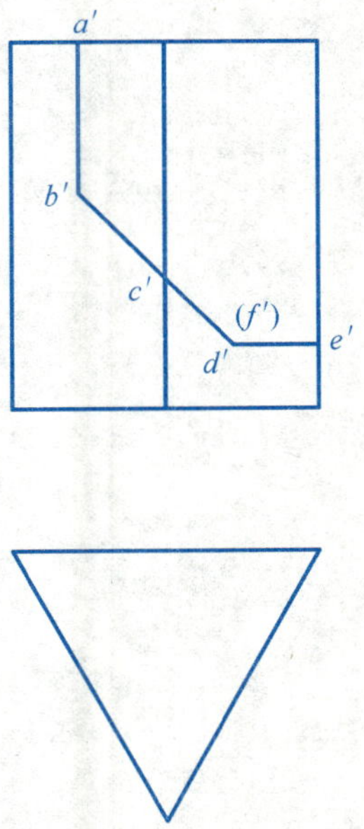

6. 补全曲线*AB*、*DE*和点*C*的投影。

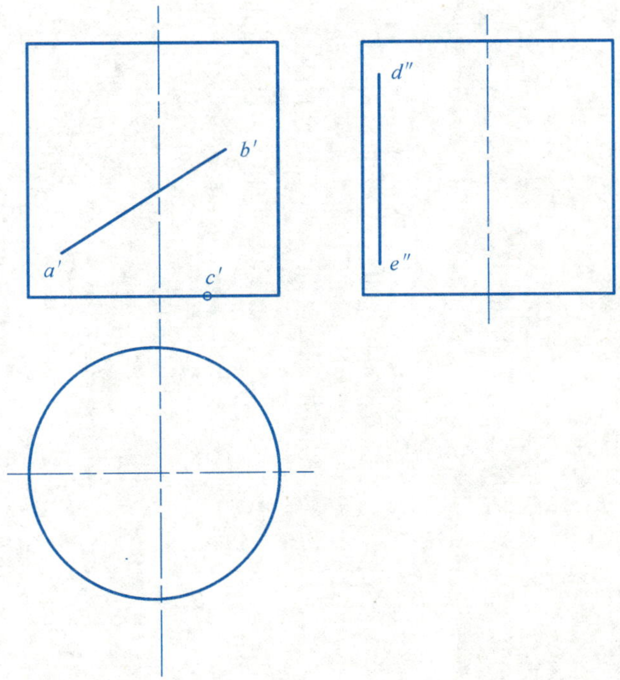

第4章　立体的投影

7. 补全点A、D和曲线BC的投影。

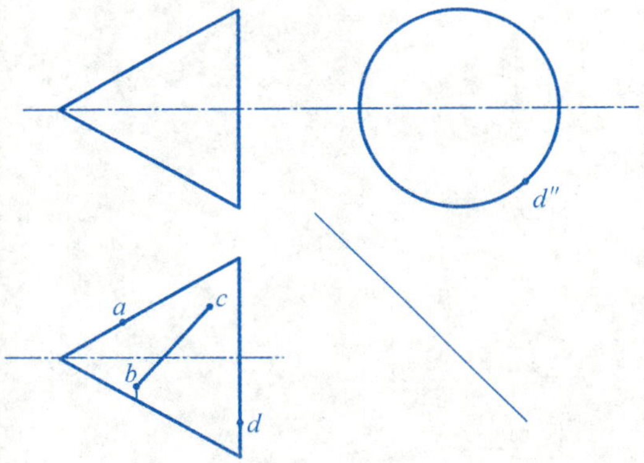

8. 补全圆柱上的三段线AB、BC、CD的投影。

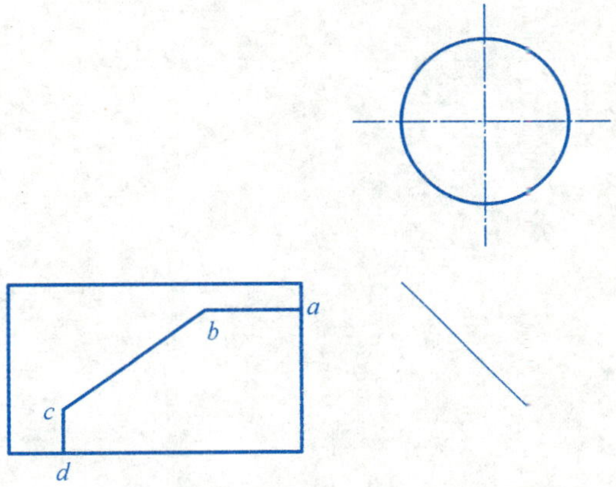

9. 补全球面上的点A、B、C、D的投影。

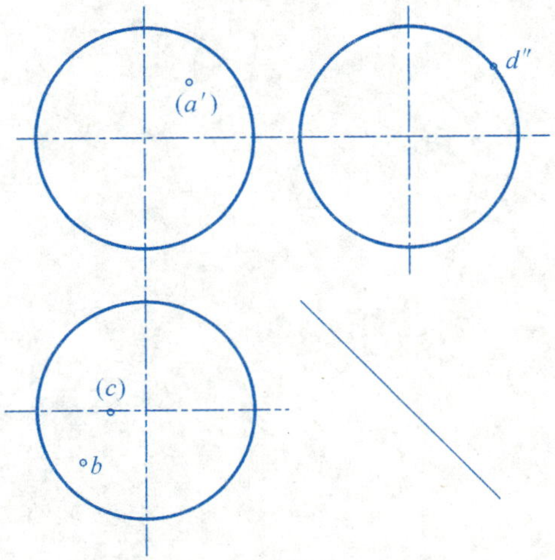

10. 补全球面上曲线AB、CD的投影。

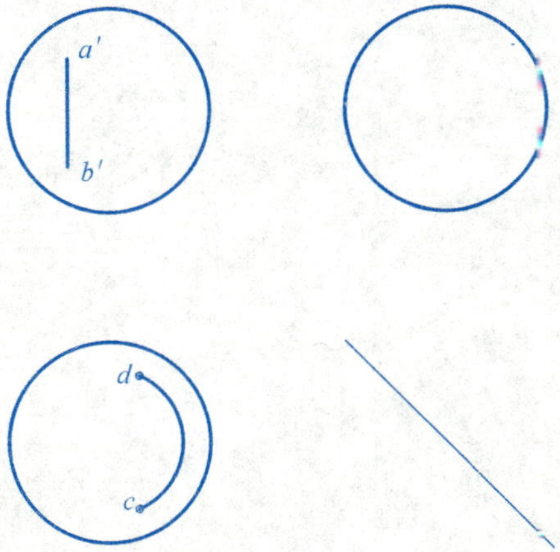

第4章　立体的投影

11. 补全回转体上点 *A*、*B*、*C*、*D*的投影。

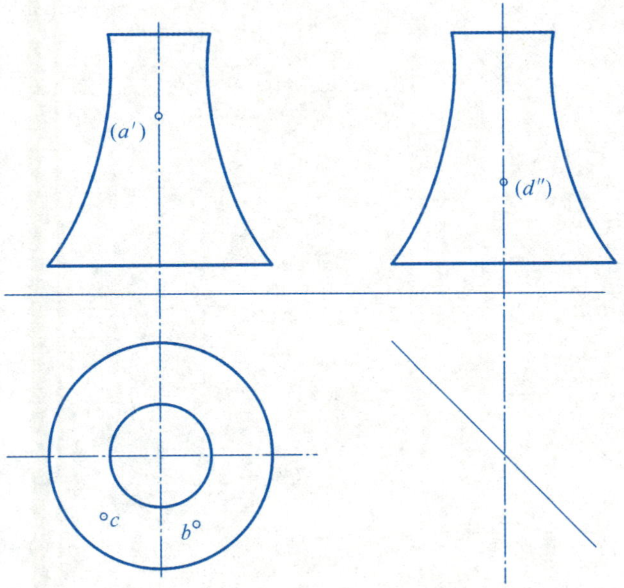

12. 补全圆环上点 *A*、*B*、*C*的投影。

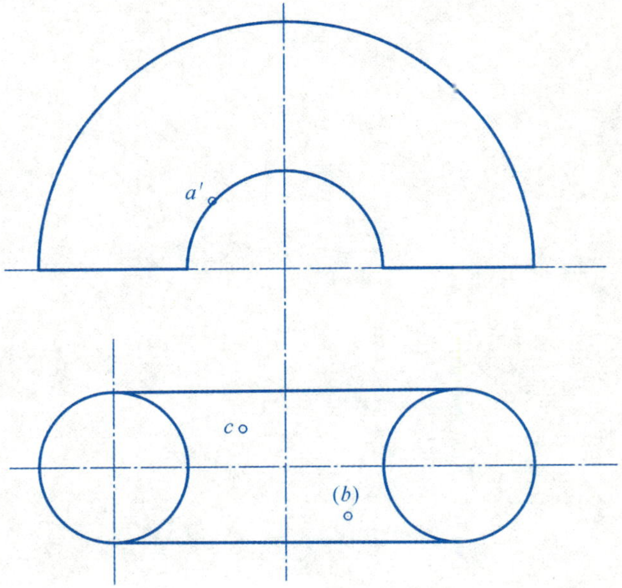

班级　　姓名　　学号

第4章　立体的投影

13. 画出平面*P*与立体的截交线。

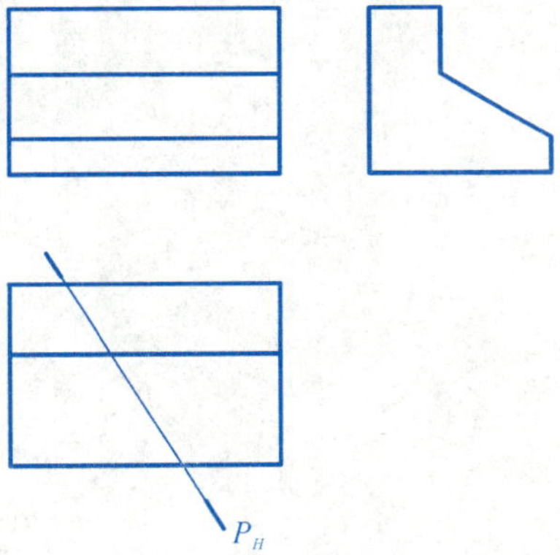

14. 画出平面*P*与立体的截交线。

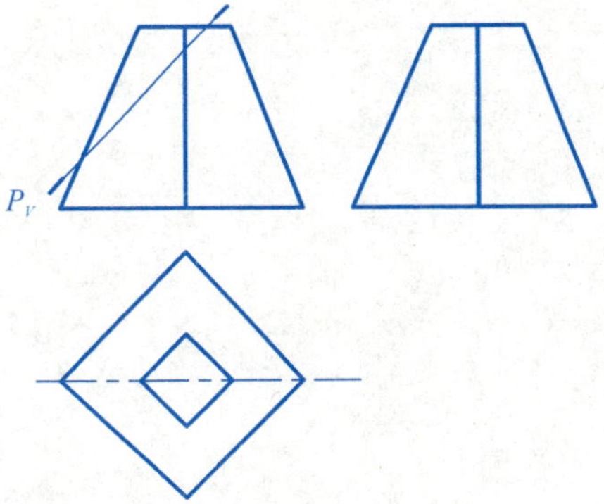

15. 完成带切口立体的俯视图，并求其左视图。

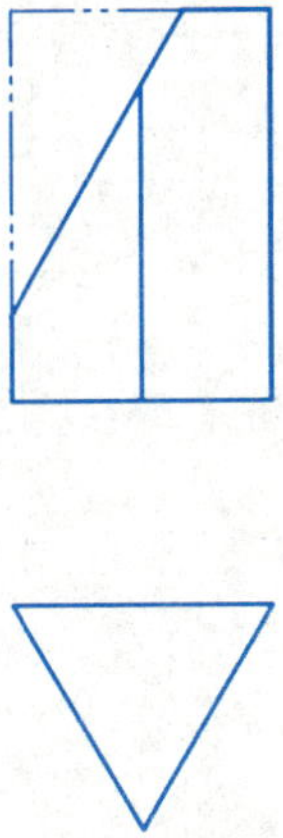

16. 完成带切口立体的俯视图，并求其左视图。

第4章　立体的投影

17. 画出平面P与圆柱体的截交线的三面投影。

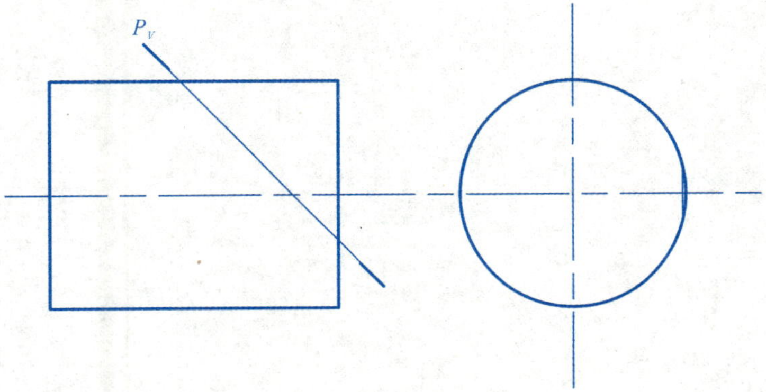

18. 画出平面P与圆锥体的截交线的三面投影。

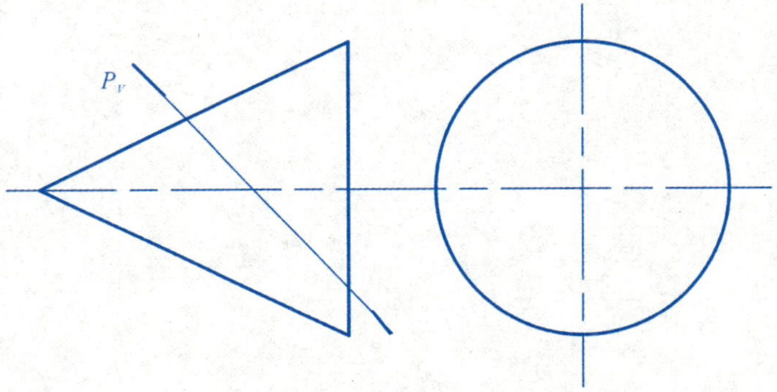

第4章　立体的投影

19. 画出平面P与圆球体的截交线的三面投影。

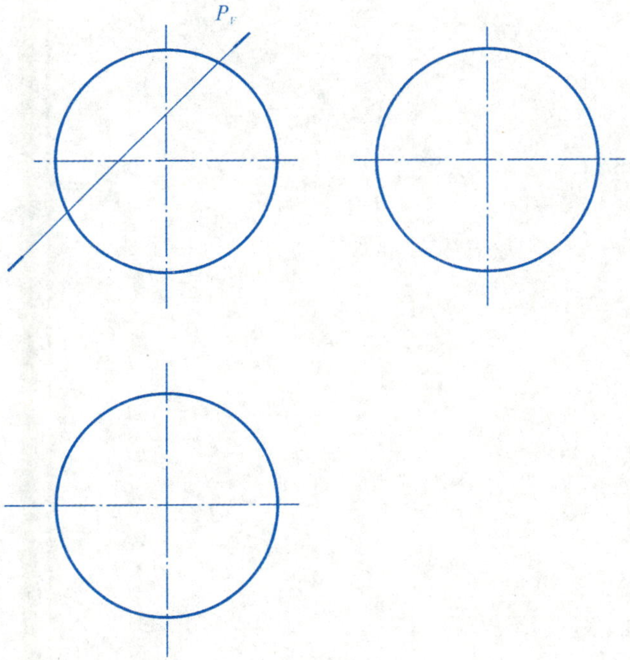

20. 画出平面P与回转体的截交线的三面投影。

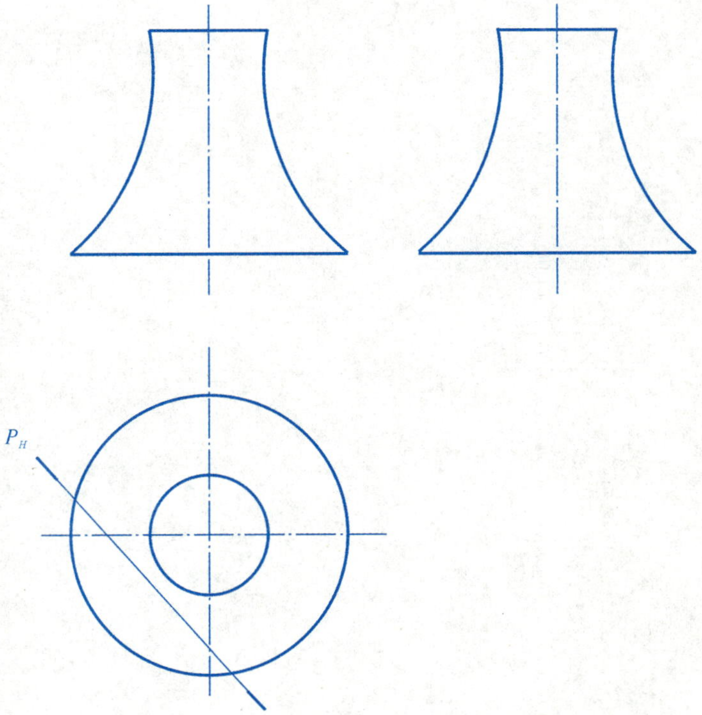

第4章　立体的投影

21. 补全圆柱体截切后的三面投影。

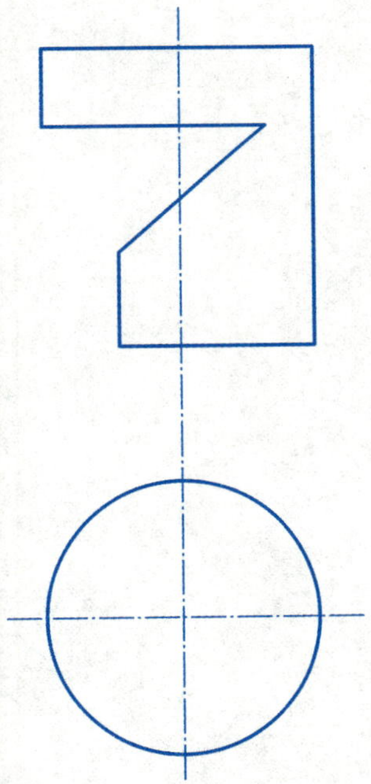

22. 补全圆柱体截切后的三面投影。

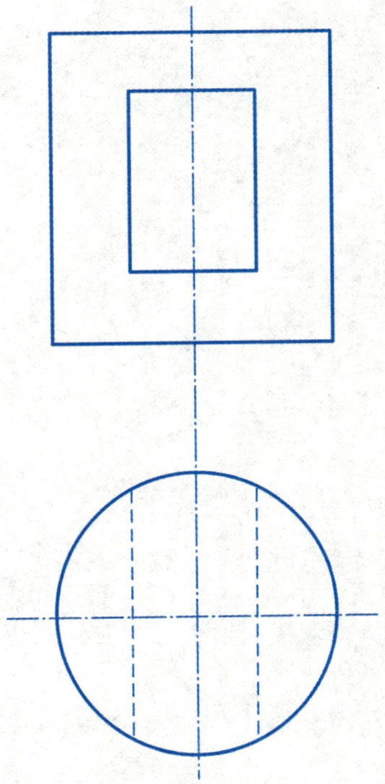

23. 补全圆柱体截切后的三面投影。

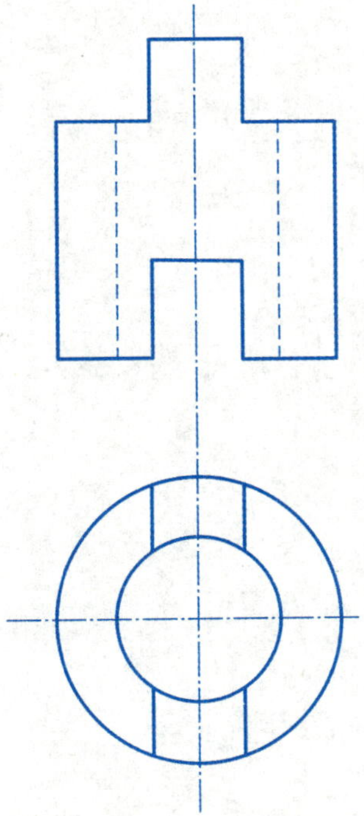

24. 补全圆柱体截切后的三面投影。

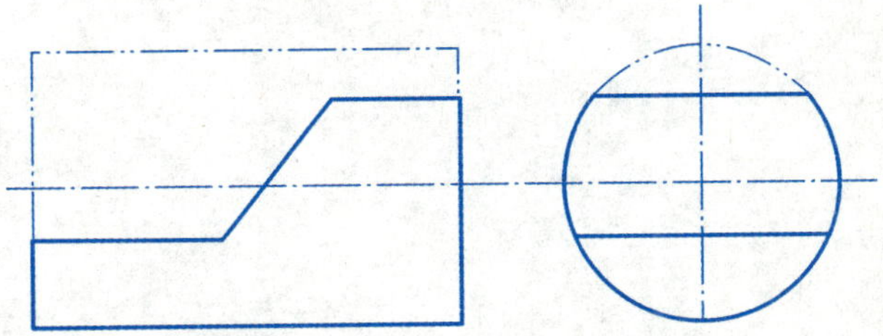

第4章　立体的投影

25. 补全圆锥体截切后的三面投影。

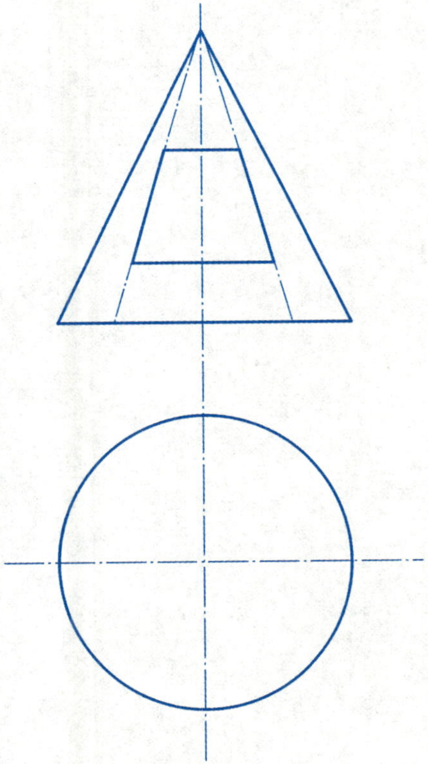

26. 补全圆锥体截切后的三面投影。

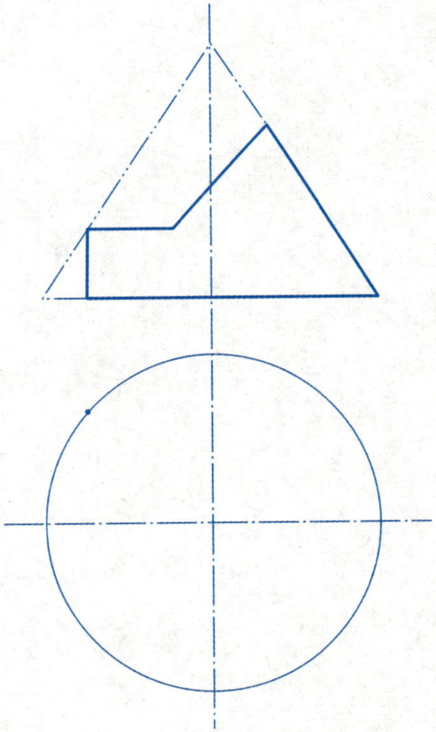

27. 补全圆球体截切后的三面投影。

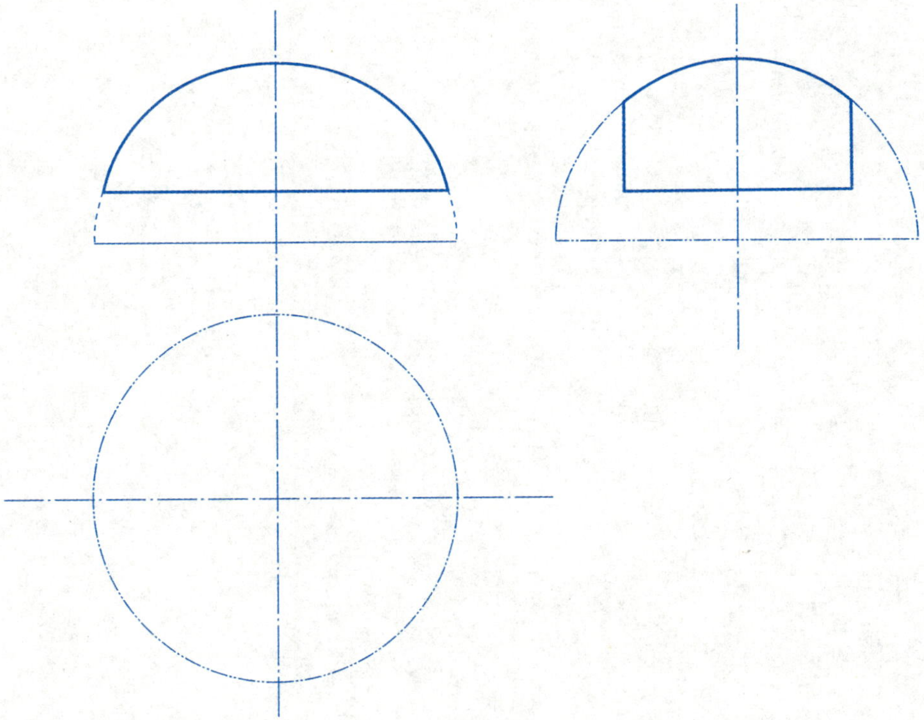

28. 求两圆柱体的相贯线。

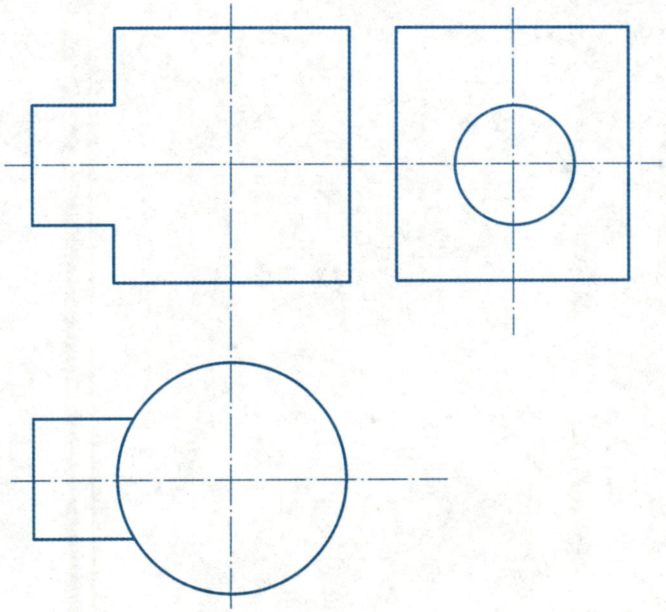

29. 补画出相贯线的投影。

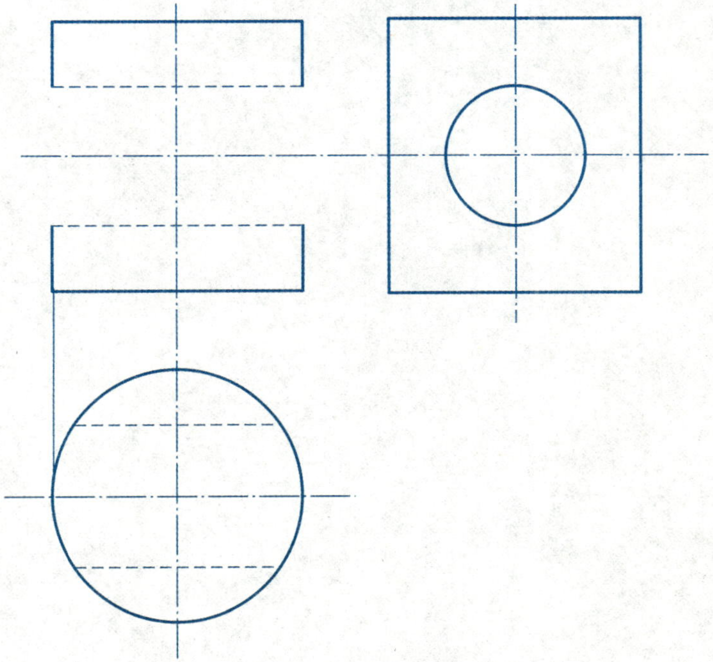

30. 补画出相贯线的投影。

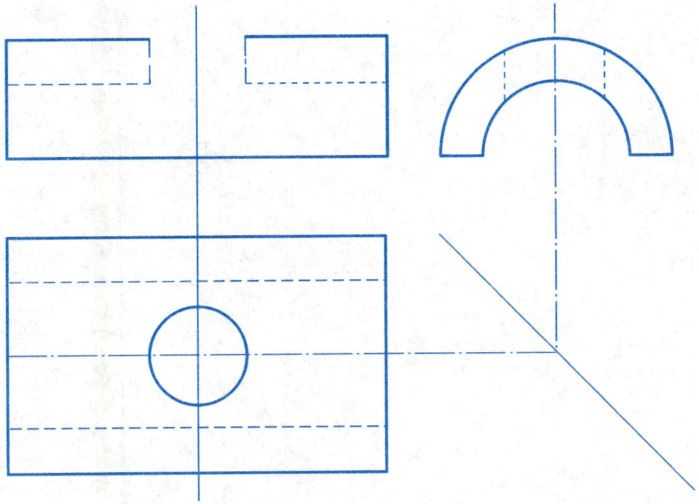

31. 补画出相贯线的投影。

第4章　立体的投影

32. 补画侧面投影图。

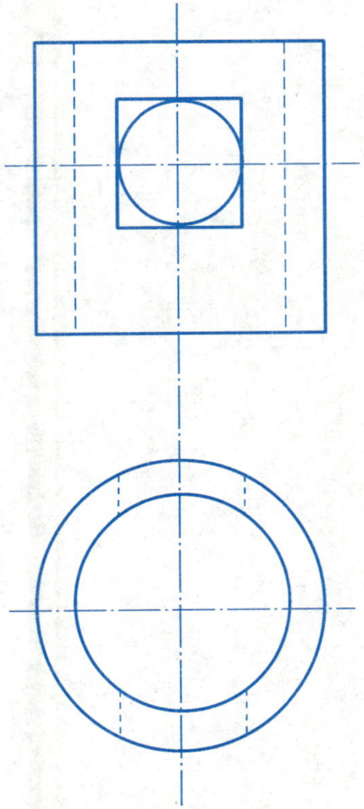

33. 补画相贯线的投影。

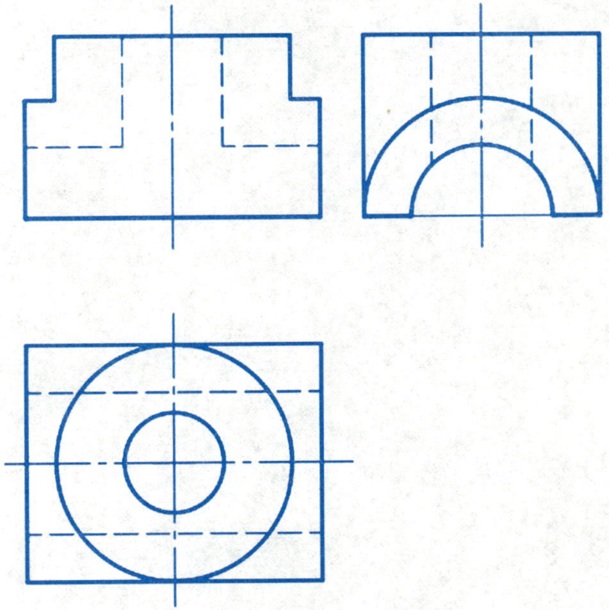

第4章　立体的投影

34. 求圆柱体与圆锥体的相贯线。

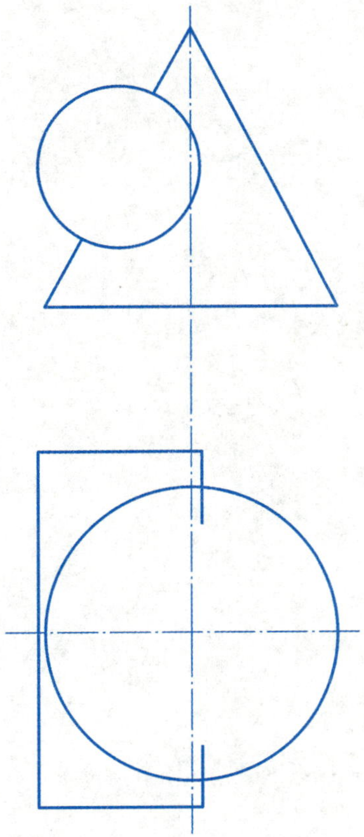

35. 求圆柱体和半球体的相贯线。

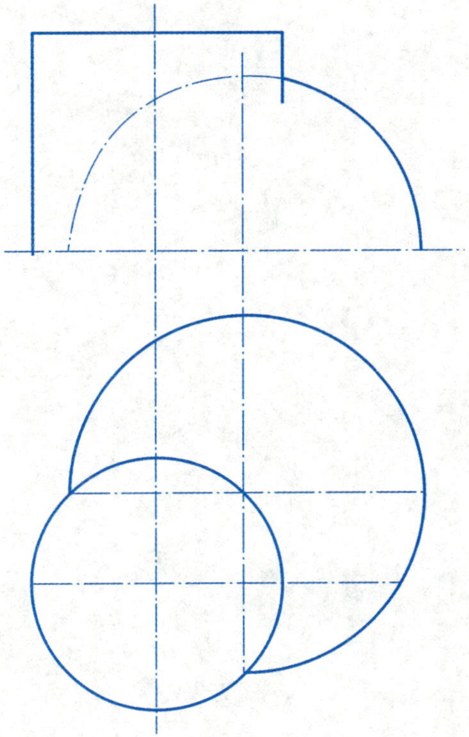

36. 求圆锥台和半球的相贯线。

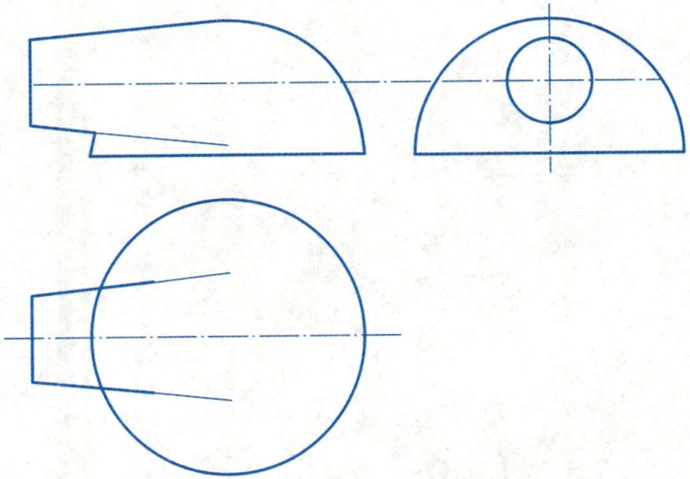

37. 求复合立体的相贯线。

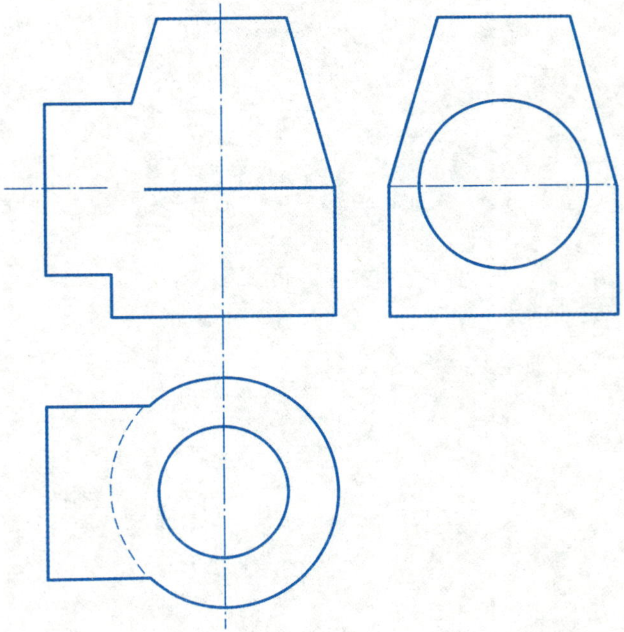

第5章　组合体

1. 补全视图中所缺图线。

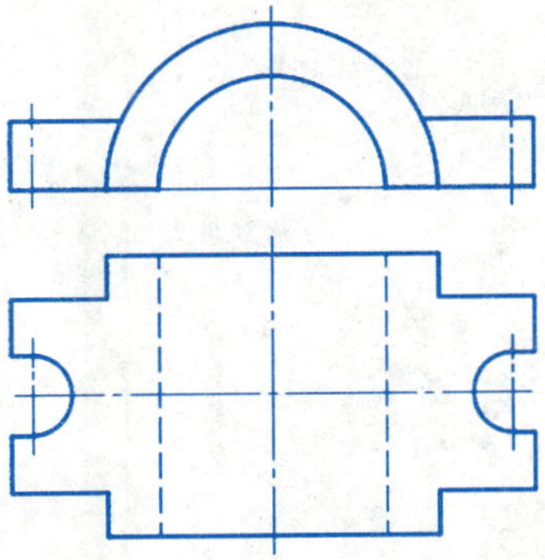

2. 补全视图中所缺图线。

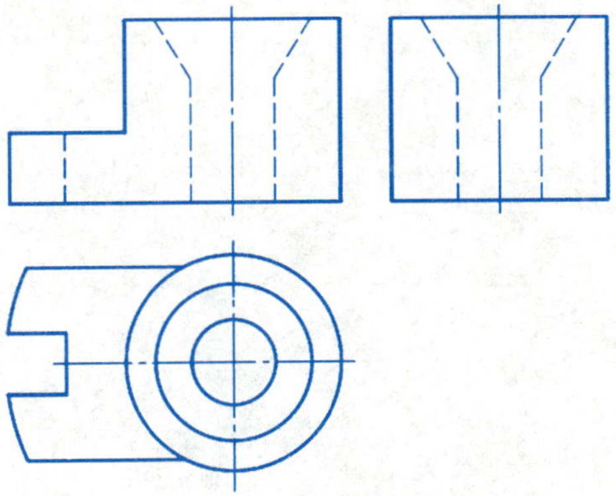

3. 补全视图中所缺图线。

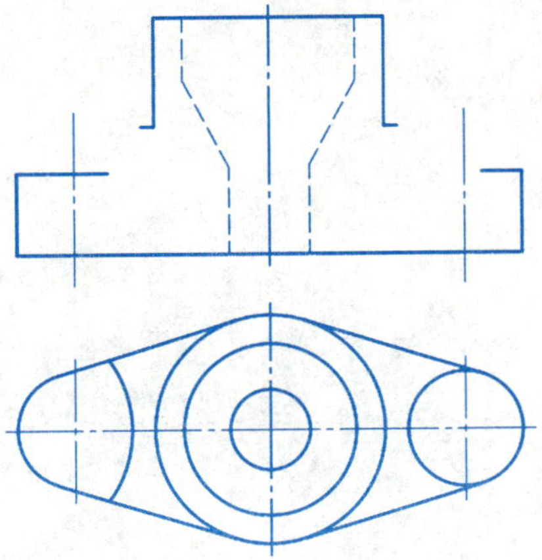

4. 由轴测图补画左视图。

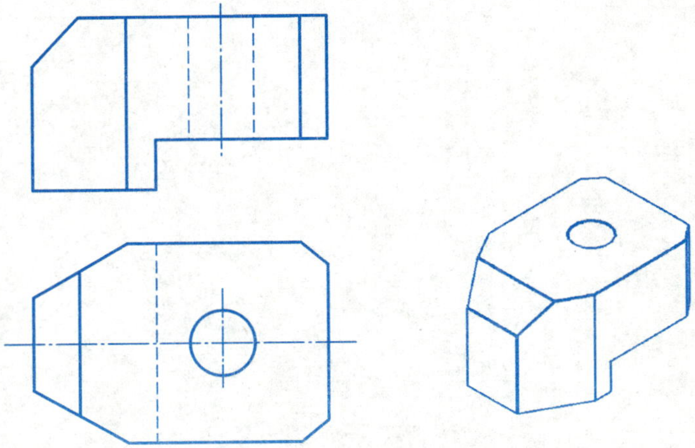

第5章　组合体

5. 补画左视图。

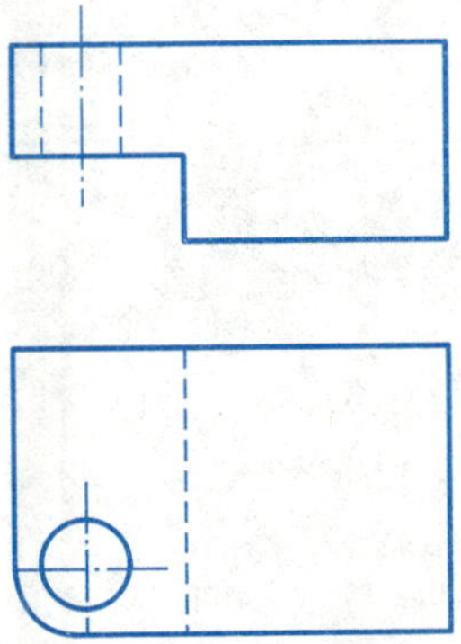

6. 补画左视图。

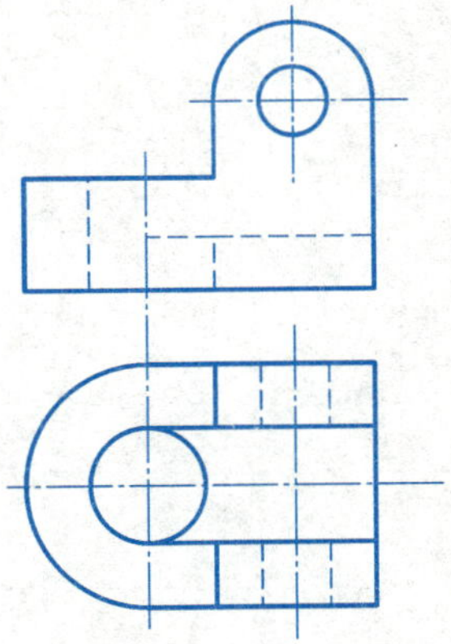

7. 补画左视图。

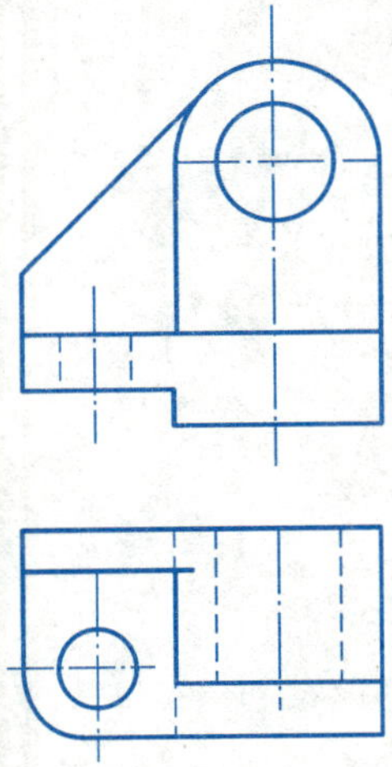

8. 补画左视图。

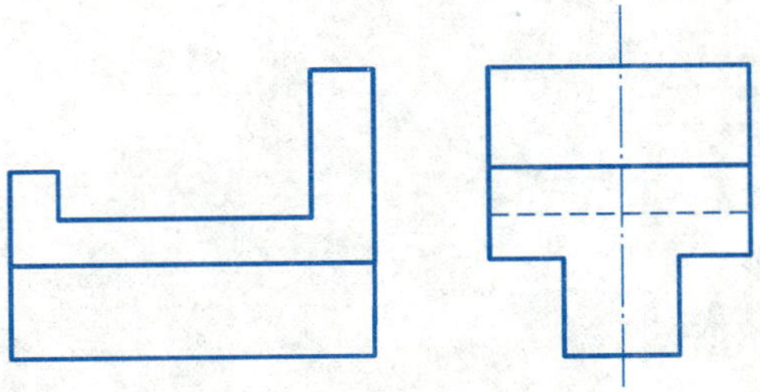

班级　　　　姓名　　　　学号

9. 补画俯视图。

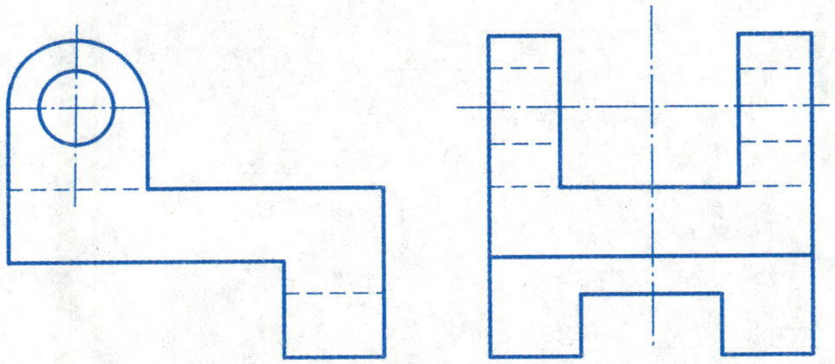

10. 补画主视图。

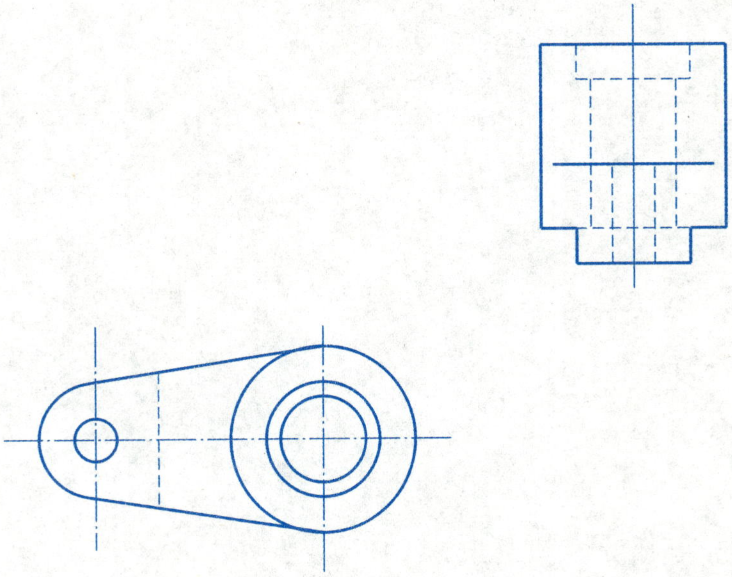

第5章　组合体

11. 补画俯视图。

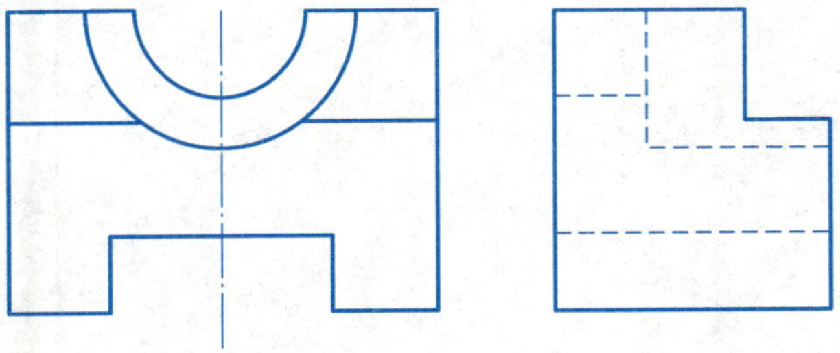

12. 已知两视图，求第三视图，并标注尺寸。（从图中按1∶1测量，取整数）。

第5章　组合体

13. 根据物体的两视图，画出第三视图。

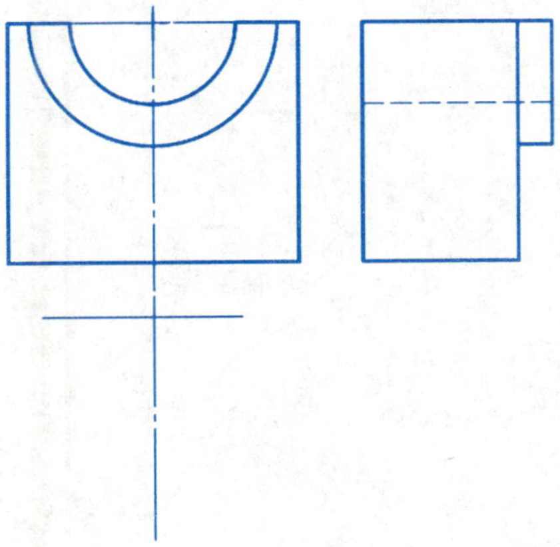

14. 补画视图中的漏线。

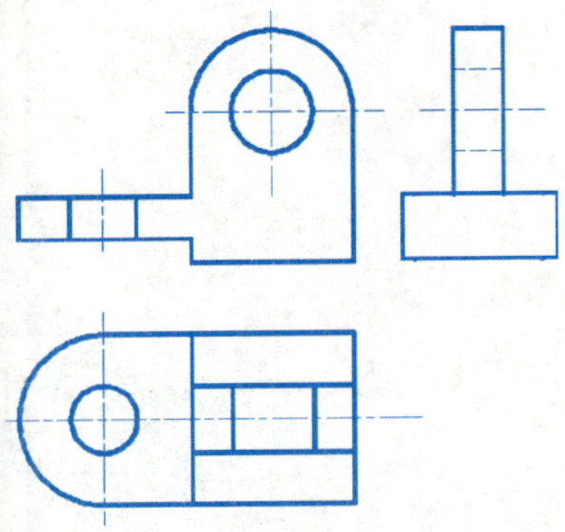

15. 根据物体的两视图，画出第三视图。

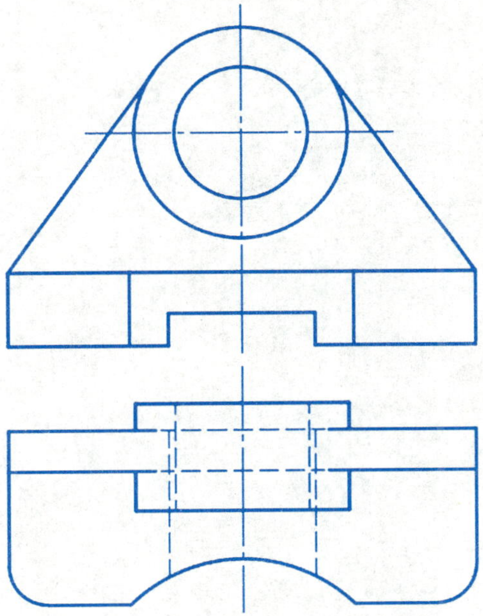

第5章　组合体

16. 补画视图中的漏线。

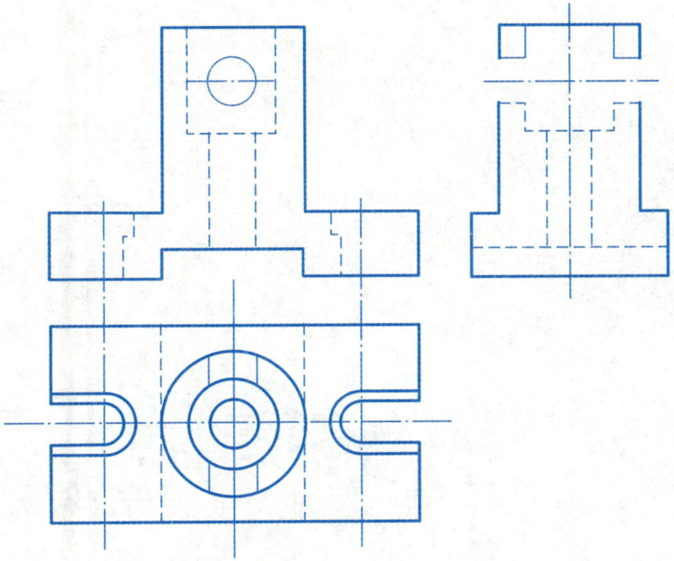

17. 补画视图中的漏线。

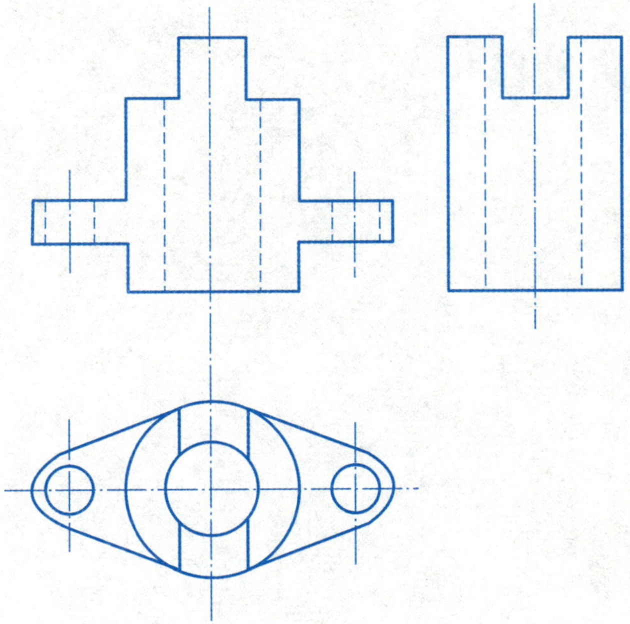

第6章　轴测投影图

1. 由视图画正等轴测图。

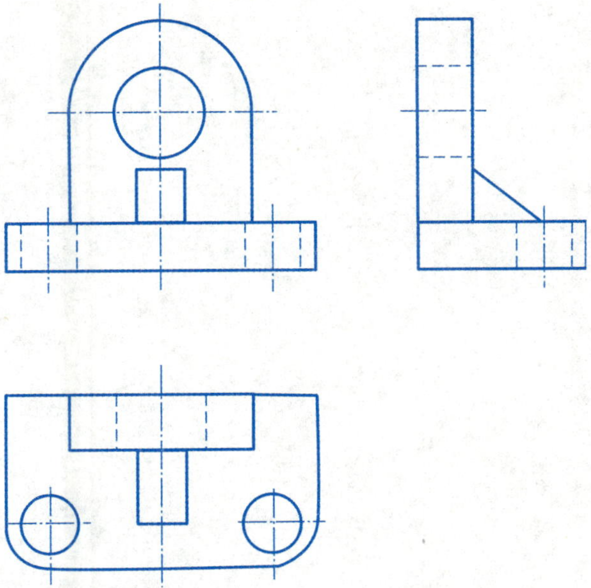

2. 由视图画正等轴测图。

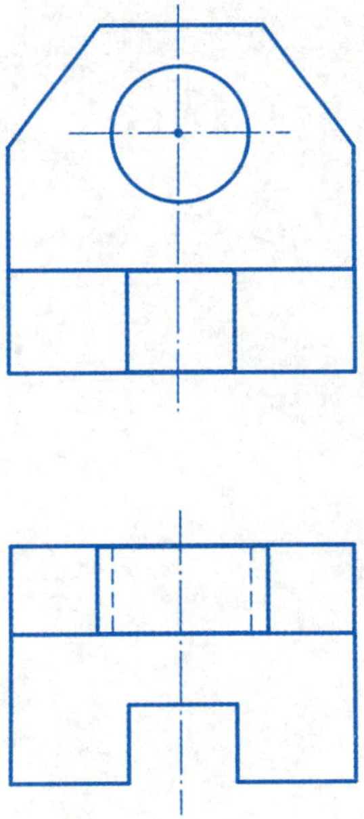

第6章　轴测投影图

3. 由视图画正等轴测图。

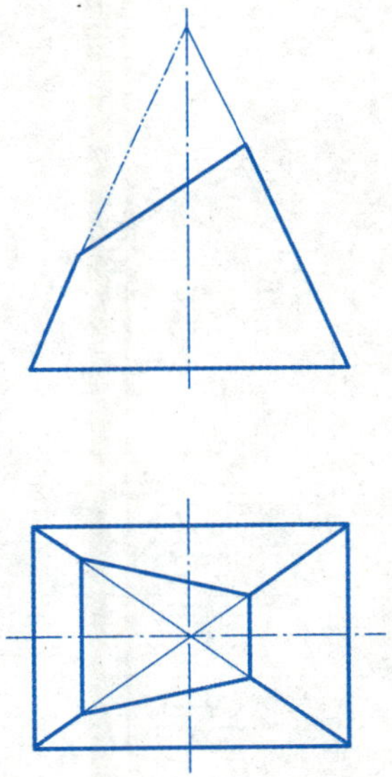

4. 由视图画正等轴测图。

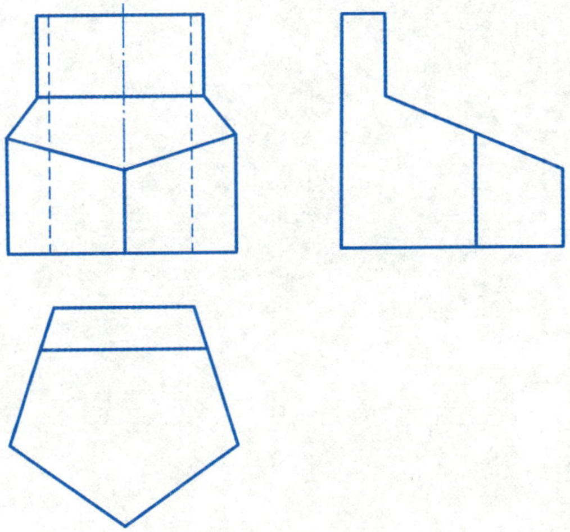

班级　　　　姓名　　　　学号

第6章　轴测投影图

5. 画斜二测轴测图。

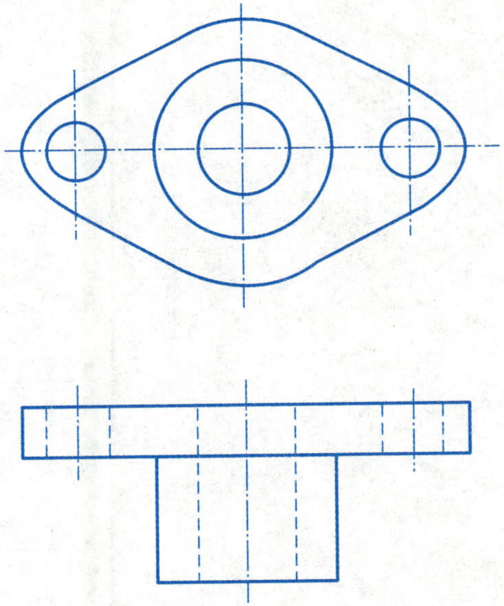

6. 画斜二测轴测图。

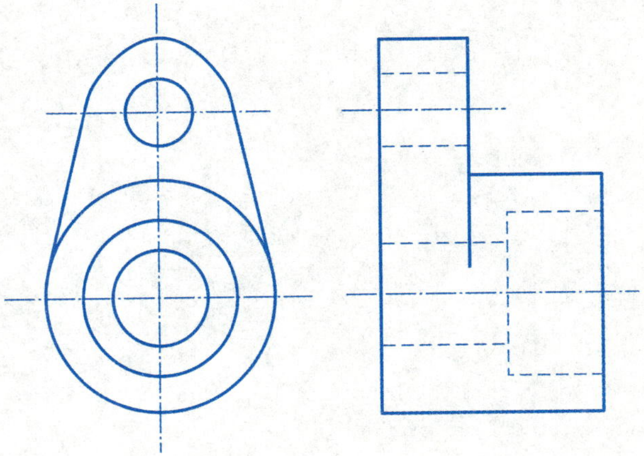

第7章　机件的图样画法

1. 参考轴测图补画局部视图和斜视图，将机件形状表达清楚。

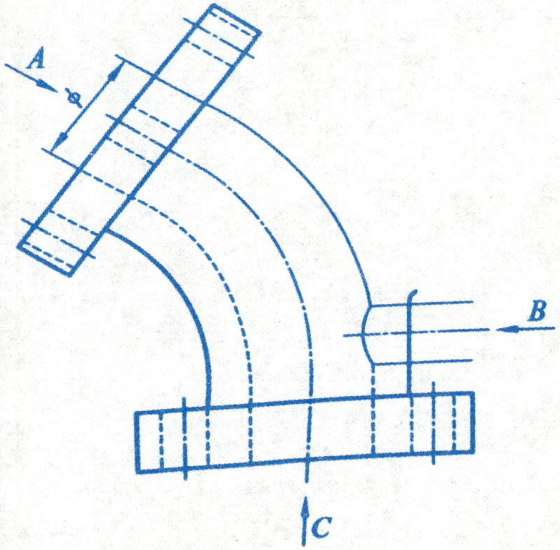

2. 补画图中的漏线。

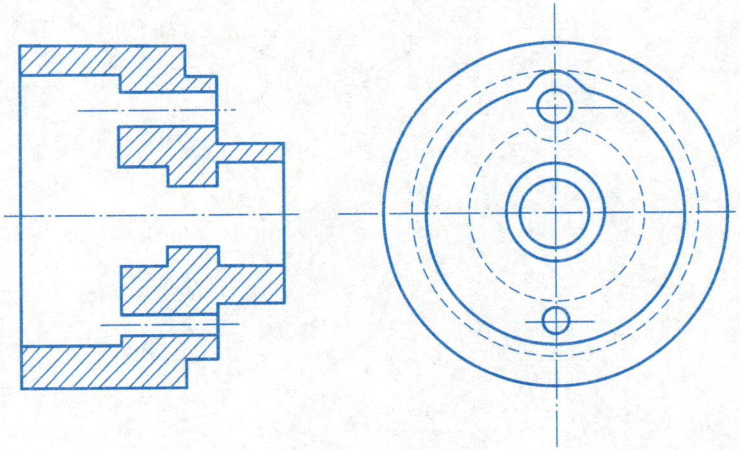

3. 补画图中的漏线。

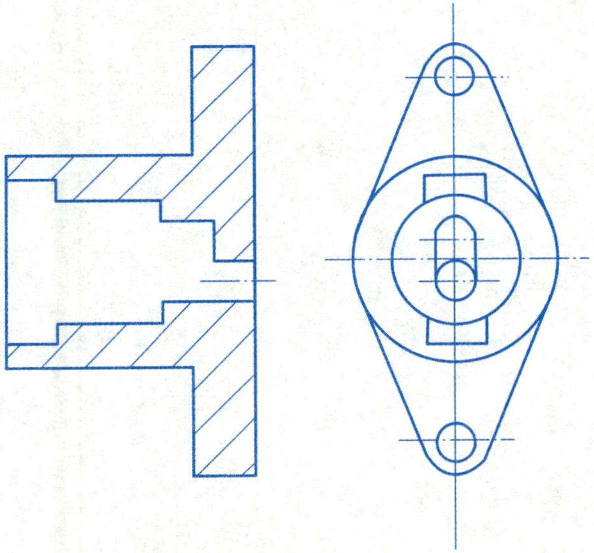

4. 画出主视图A—A方向的全剖图。

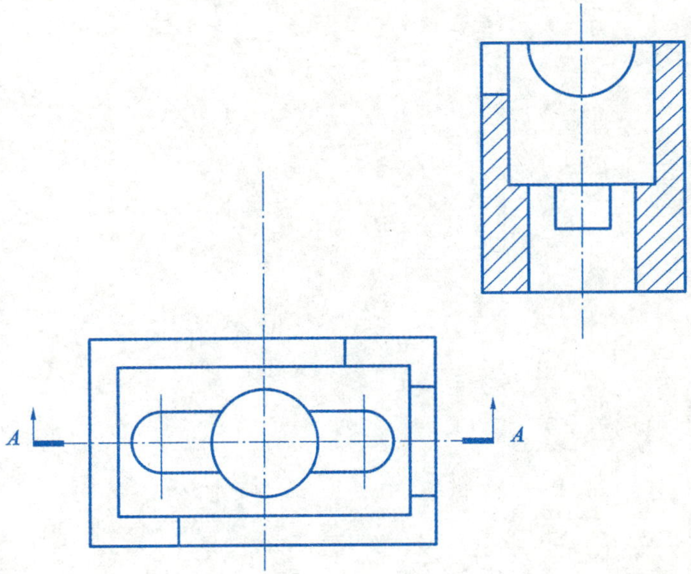

5.将左视图画成A—A剖视图。

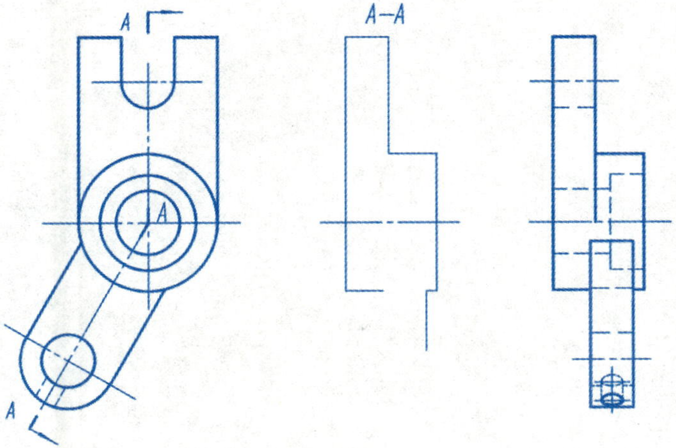

6.将主视图改成A—A全剖视图。

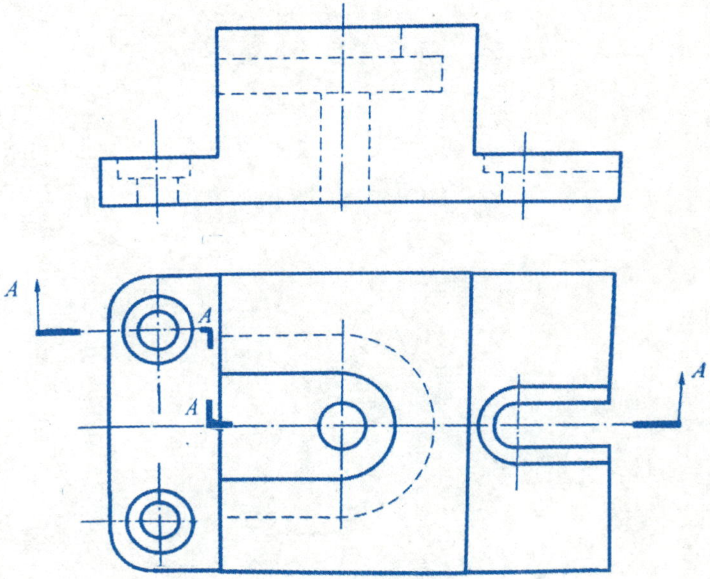

7. 改画主视图。

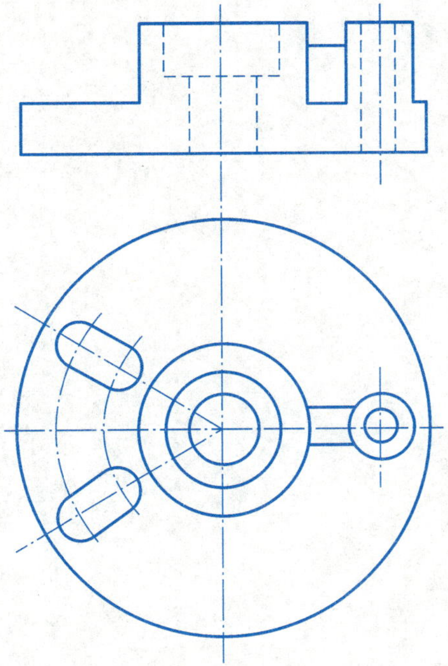

8. 用局部剖去掉左视图中的虚线。

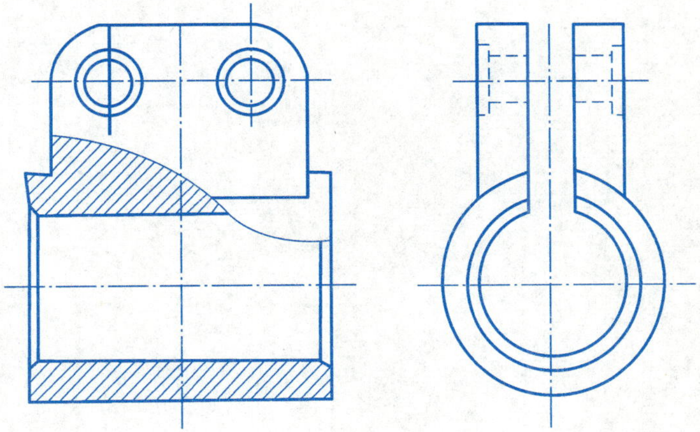

第7章　机件的图样画法

9. 在指定位置将主视图画成半剖视图，并画出全剖的左视图。

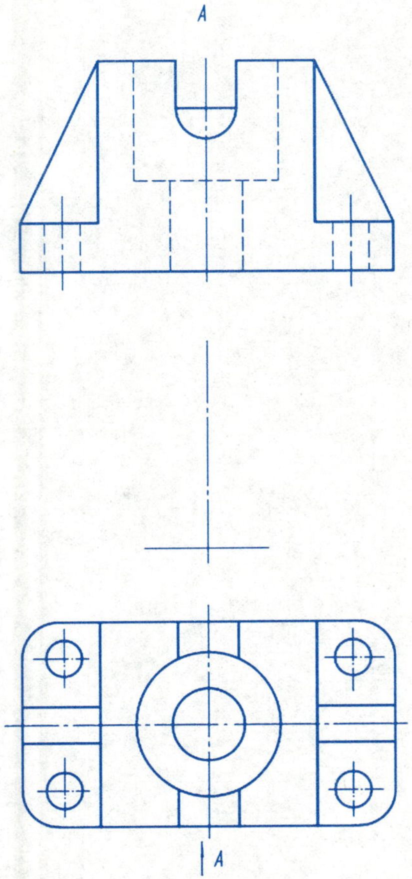

10. 判断B—B断面图，在正确的图下面打 √，并画出A—A断面图。

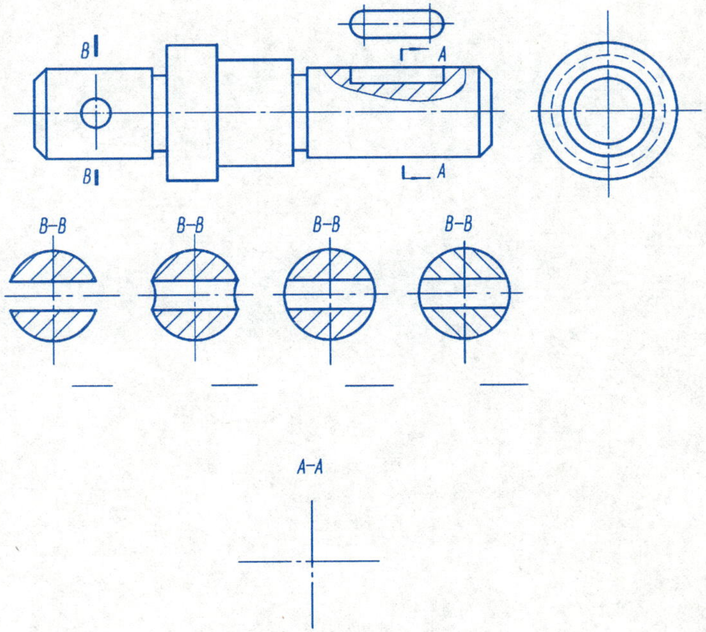

班级　　姓名　　学号

第8章　标准件与常用件

1. 下列四种外螺纹画法中正确的是（　）。

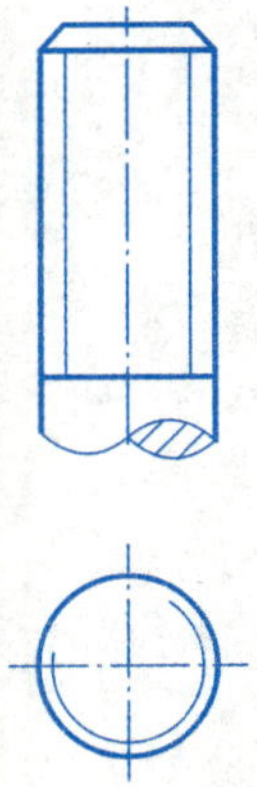

（a）

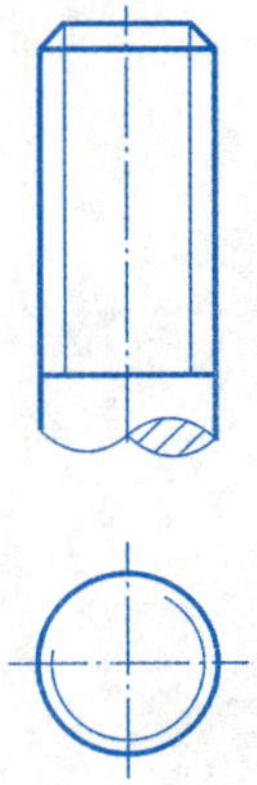

（b）

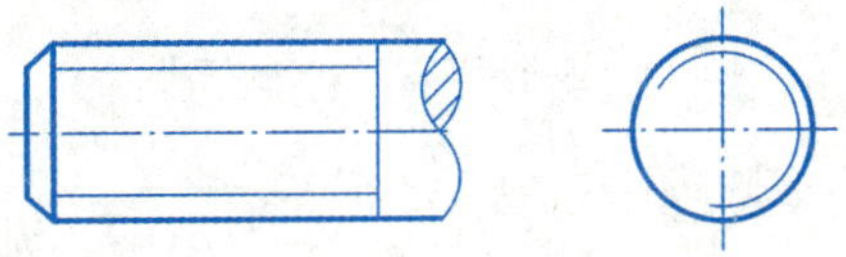

（c）

（d）

2. 下列四种内螺纹画法中正确的是（　）。

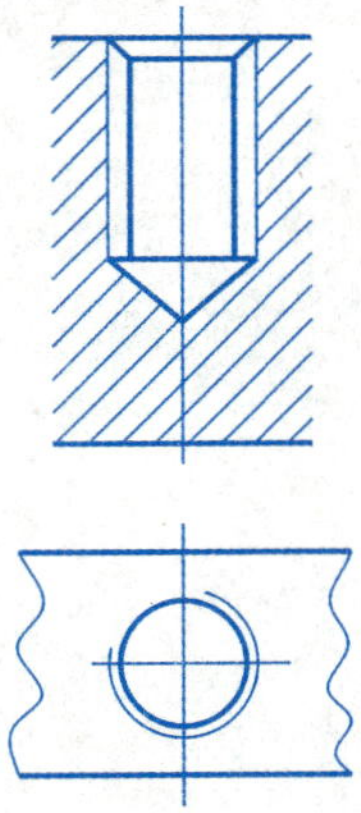

（a）

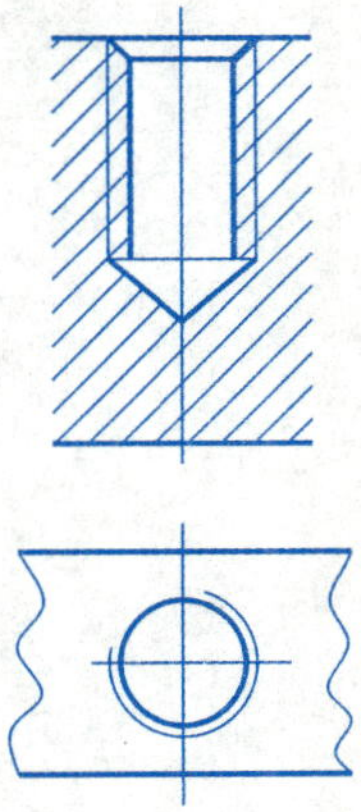

（b）

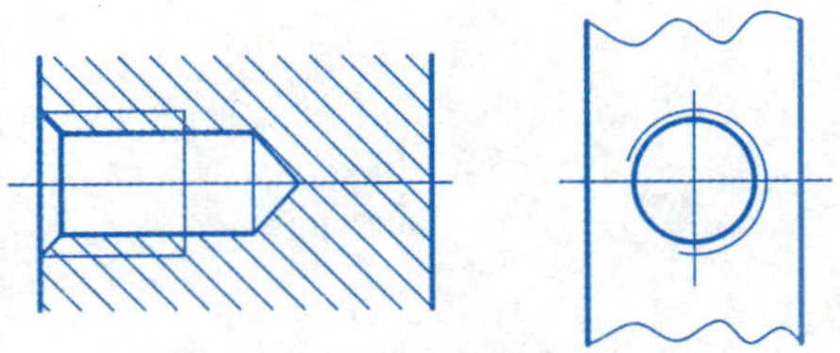

（c）

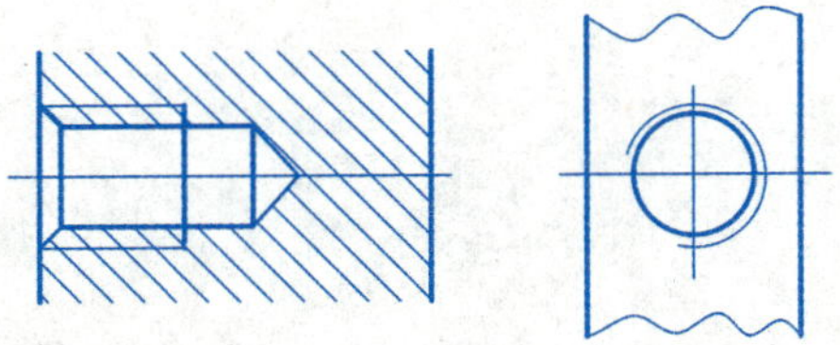

（d）

第8章　标准件与常用件

3. 补漏线，并标注(a)、(b)图的尺寸（粗牙普通螺纹、尺寸按1：1的比例量取）。

（a）

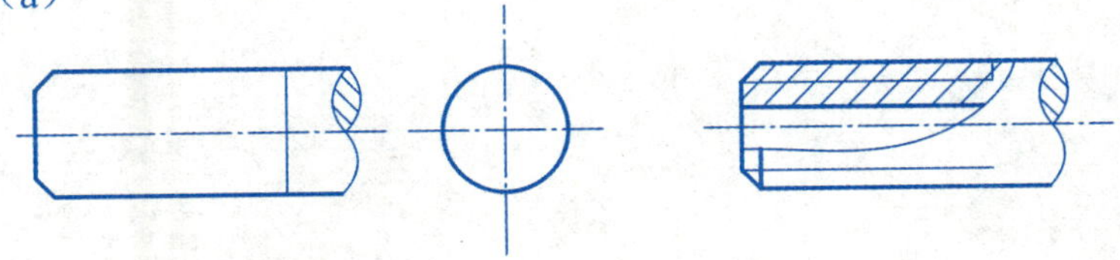

（b）

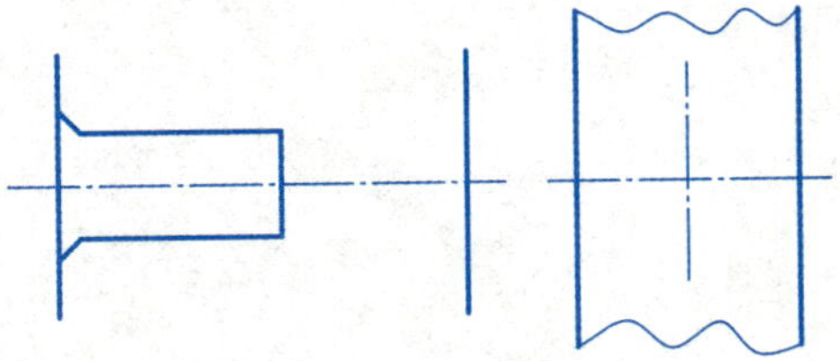

（c）

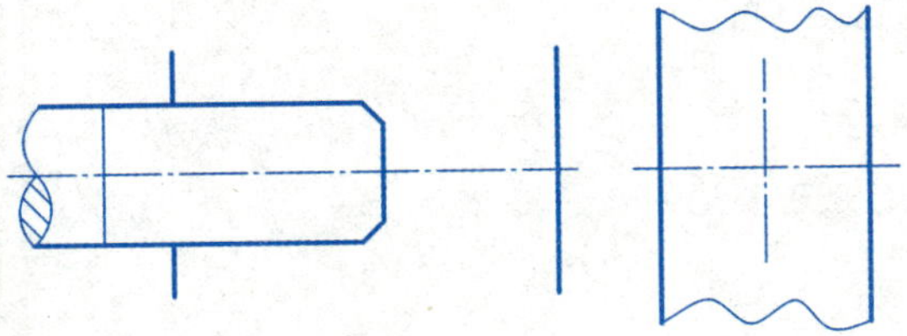

4. 解释下列螺纹代号的意义。

M: ______________________
20: ______________________

M: ______________________
20: ______________________
1.5: ______________________

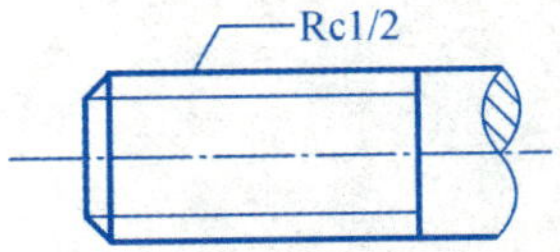

Rc1/2: ______________________
大径: ______________________
小径: ______________________

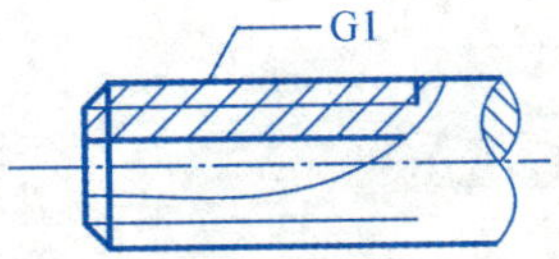

G1: ______________________
大径: ______________________
小径: ______________________

班级　　姓名　　学号

5. 下列螺纹尺寸标注正确的是（　）。

（a）

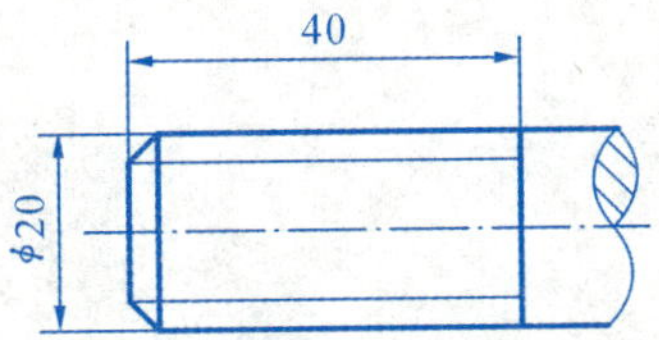

（c）

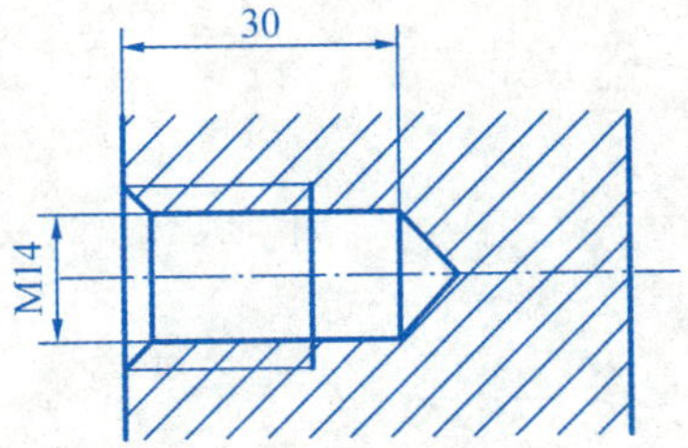

（b）

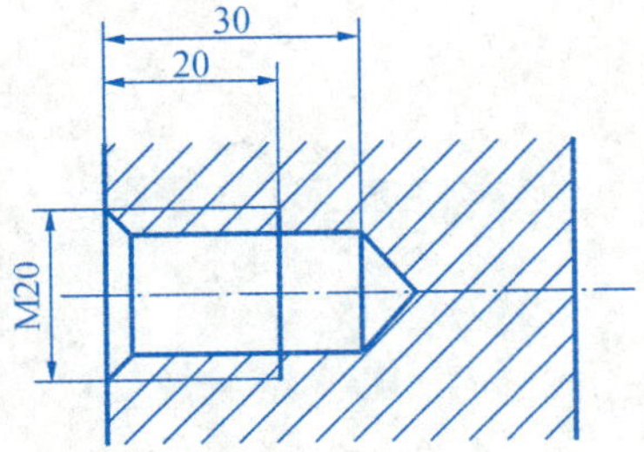

（d）

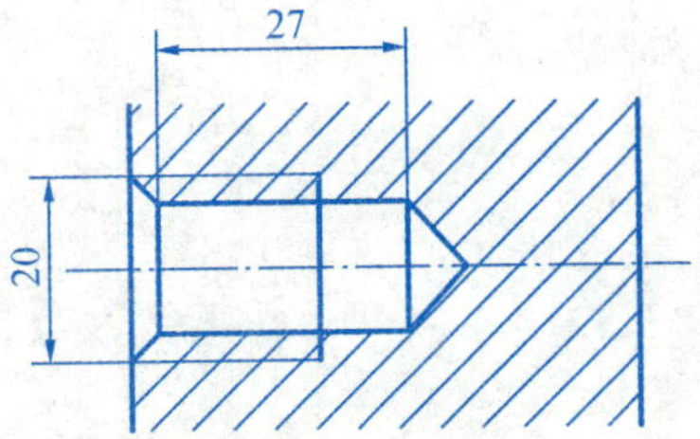

第8章　标准件与常用件

6. 补画螺栓连接简化画法中的漏线。

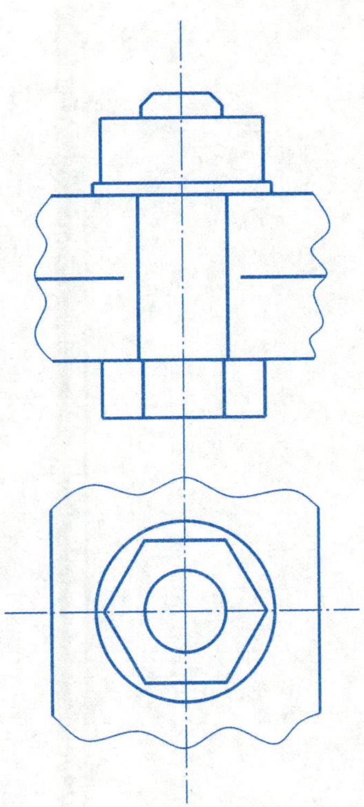

7. 根据给定的螺纹紧固件代号，用简化画法画出其连接后的主视图和俯视图。(双头螺柱GB/T898M20×60、螺母GB/T6170 M20、垫圈GB/T9320)

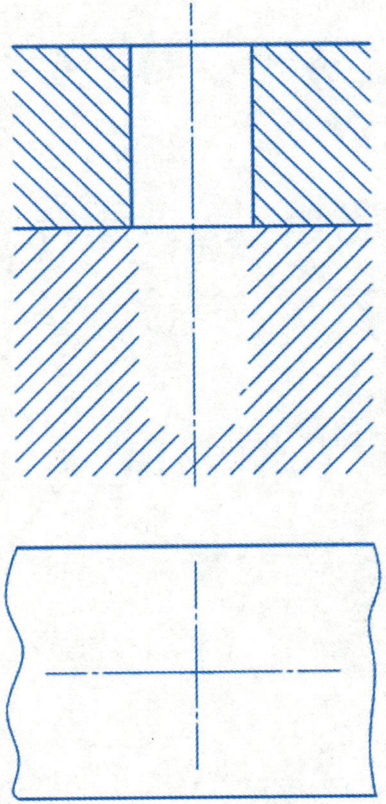

第8章　标准件与常用件

8. 查表填写下列各紧固件的尺寸。

（1）六角头螺栓：螺栓GB/T 5782—2000 M16×70。

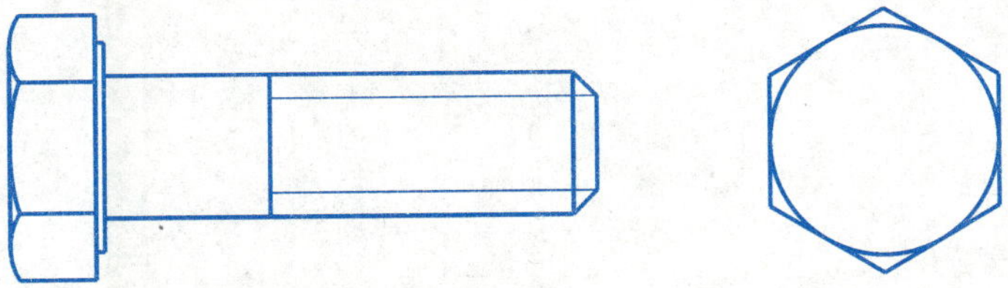

d________ b________

k________ l________

（2）双头螺柱：螺柱GB/T 898—2000 M16×60。

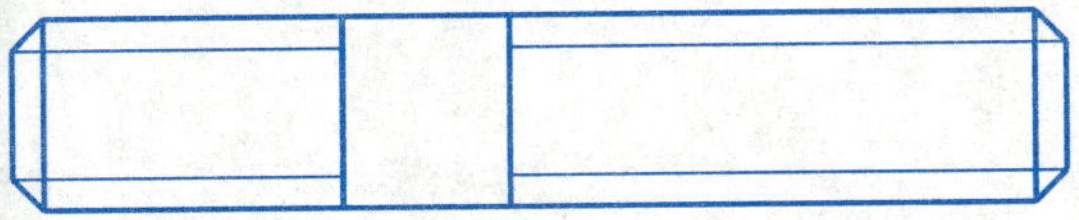

d________ b_m________

b________ l________

9. 根据所注规格尺寸，查表写出各紧固件的规定标记。

（1）A级的I型六角螺母。

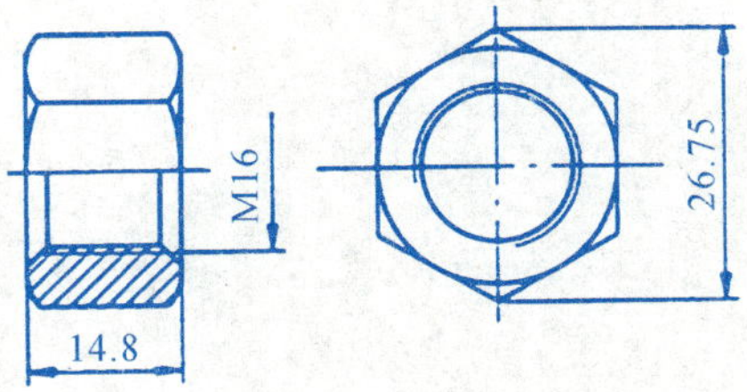

____

（2）A级的平垫圈。

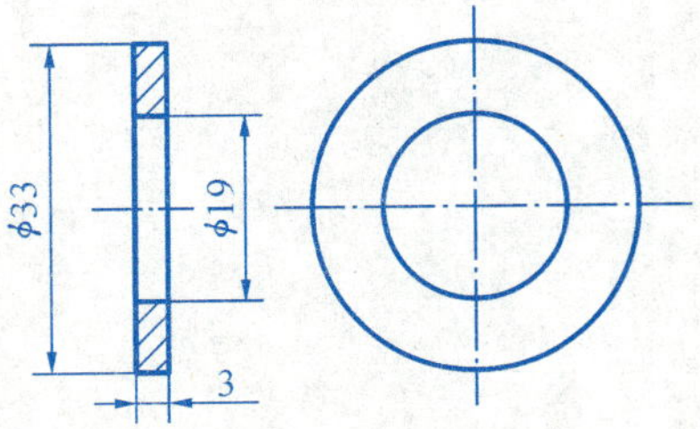

____

10. 查表标注轴上键槽的尺寸，并在图(c)中画出其装配图（尺寸按1∶1比例量取）。

（a）

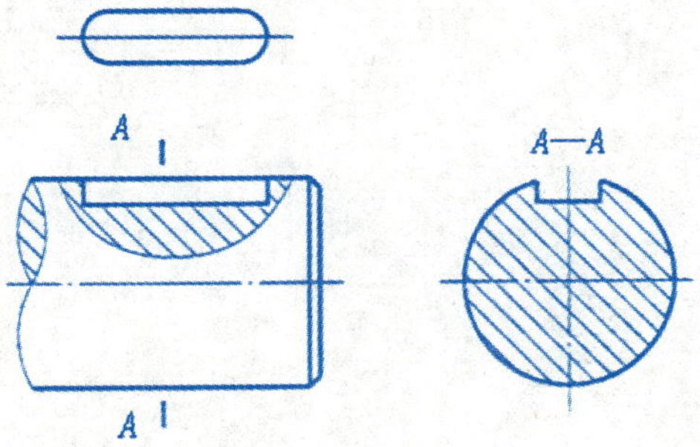

（c）

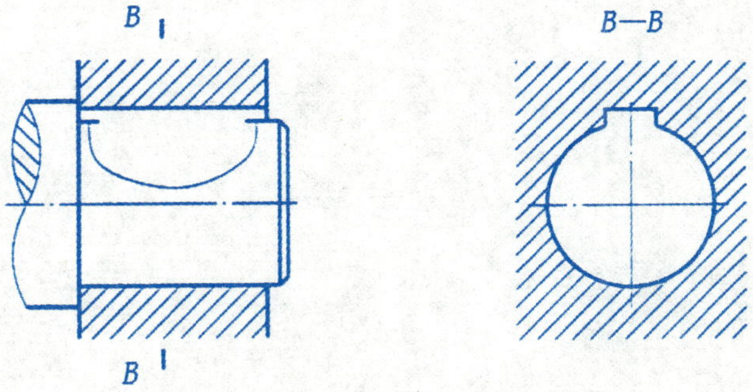

（b）

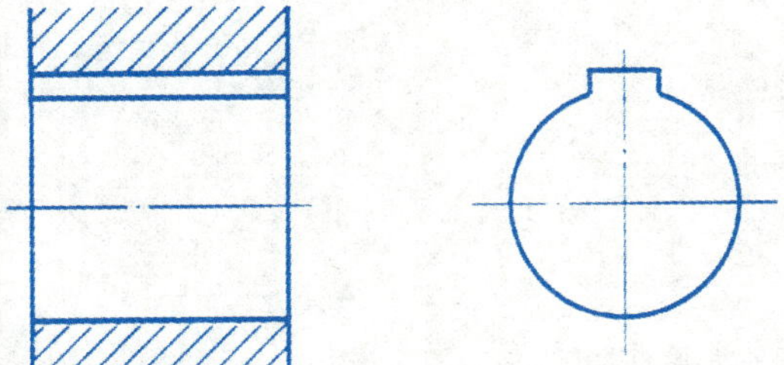

11. 已知直齿圆柱齿轮模数m=5，齿数z=40，试计算齿轮的d、d_a、d_f，用1∶2的比例完成两视图，并标注尺寸。

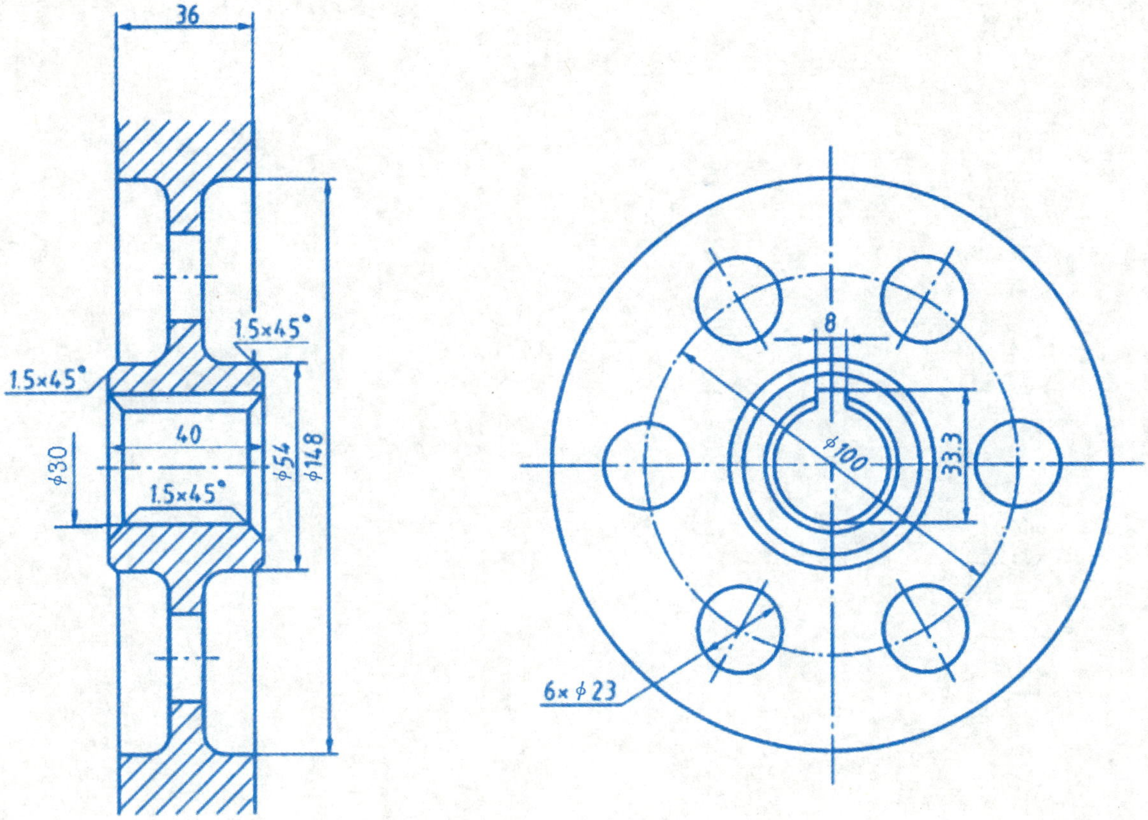

12. 已知大齿轮模数$m=4$，齿轮$z=38$，两轮中心距$a=110$ mm，试计算两齿轮的d、d_a、d_f，并用1∶2的比例完成啮合图。

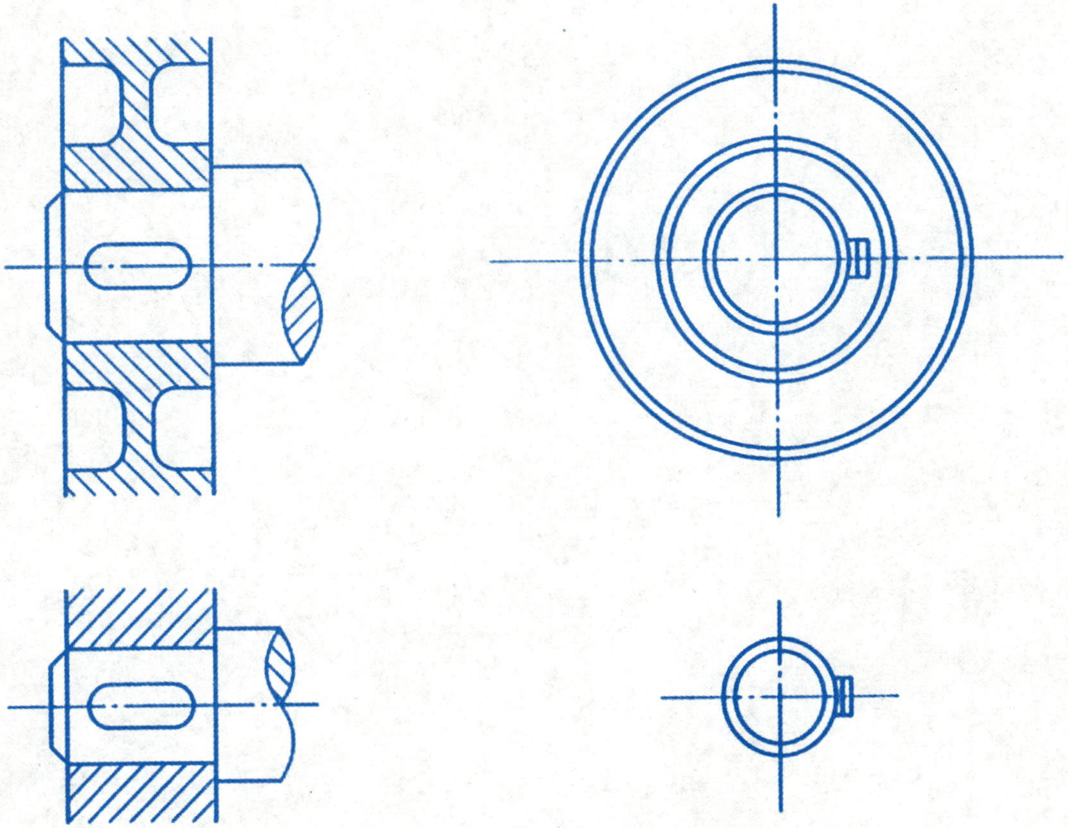

第8章　标准件与常用件

13. 用简化画法、1：1比例，在齿轮轴的ϕ30m6轴径处画 6206 深沟球轴承一对（轴承端面要靠紧轴肩）。

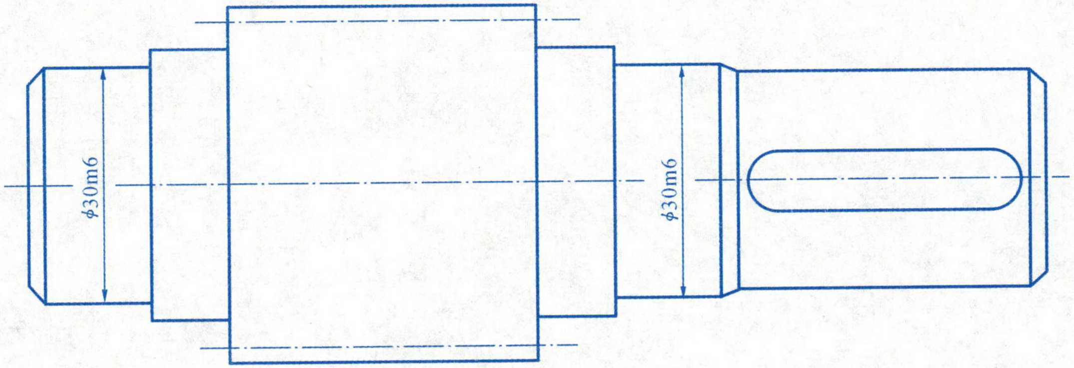

第8章　标准件与常用件

14. 已知圆柱螺旋压缩弹簧的簧丝直径d=6，弹簧外径D_2=40，节距t=10，有效圈数n=7，支撑圈n_1=2.5，右旋。用1∶1比例画出弹簧的主视图（轴线水平放置，全剖），并标注尺寸，在图的右下方注明旋向及n、n_1值。

第9章　零件图

9-1　零件测绘

一、内容

根据轴测图画出零件草图，然后画出零件工作图。

二、目的

1.了解零件图的内容，培养综合运用各种表达方法的能力。

2.熟悉画零件图的方法和步骤，培养画草图的绘图技能。

3.练习在零件图上正确标注尺寸和技术要求。

三、要求

1.视图表达应完整、清晰、合理，并标注尺寸。

2.技术要求内容详见各题。

1. 轴。

（1）5P9和8P9键槽对称中心面分别对ϕ16f8圆柱轴线和ϕ28f8圆柱轴线对称度公差为0.02 mm。

（2）ϕ28f8和ϕ16f8圆柱轴线两处对ϕ20k7圆柱轴线同轴度公差为 0.04 mm。

（3）ϕ28f8圆柱端面对该段轴线的圆跳动公差为0.02 mm。

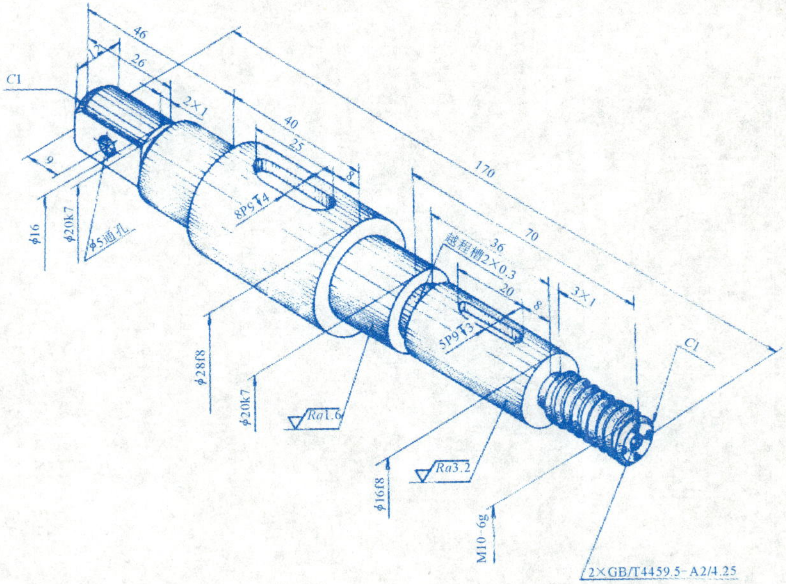

第9章 零件图

2\. 端盖。

(1) *A*面对孔ϕ22H8轴线垂直度公差为0.02 mm。

(2) ϕ58e6圆柱轴线对孔ϕ22H8轴线同轴度公差为ϕ0.01 mm。

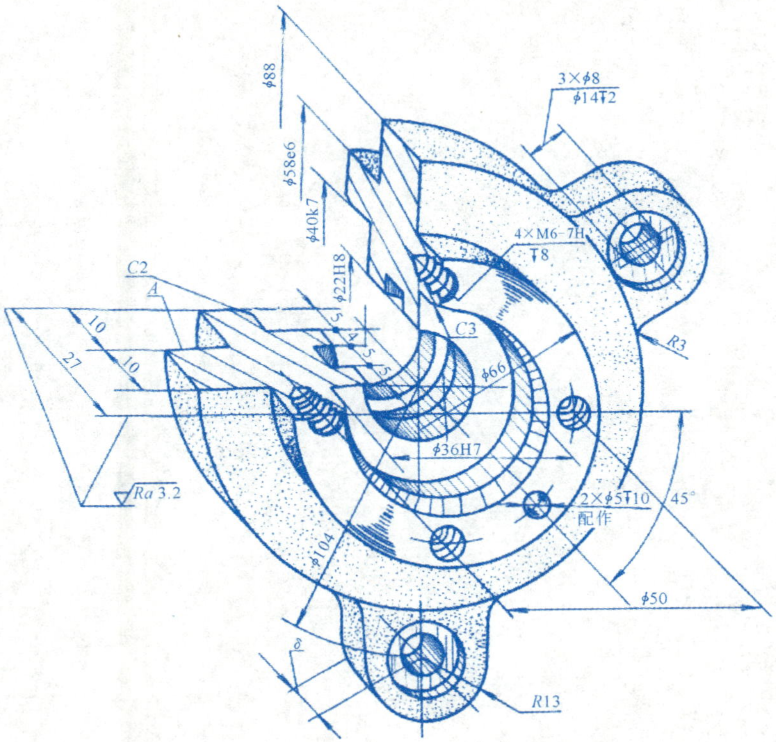

3\. 支架。

表面粗糙度*Ra*值及形位公差、尺寸公差的数值可参照教材中有关内容和数据，用类比法确定。

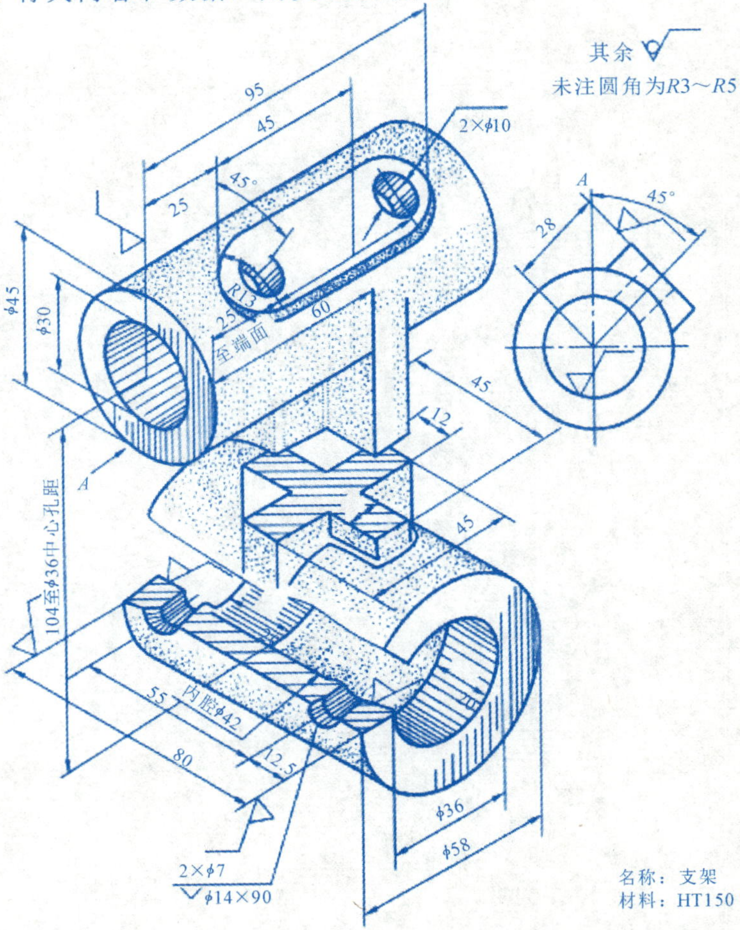

名称：支架

材料：HT150

4. 踏架。

（1）ϕ24H8圆柱孔的圆柱度公差为0.01 mm。

（2）$\dfrac{2\times\phi 7}{\vee\phi 13\times 90^{\circ}}$ 孔轴线对ϕ24H8孔轴线的垂直度公差为0.01 mm。

技术要求：

（1）未注圆角$R3\sim R5$。

（2）铸件不得有砂眼、缩孔、裂纹。

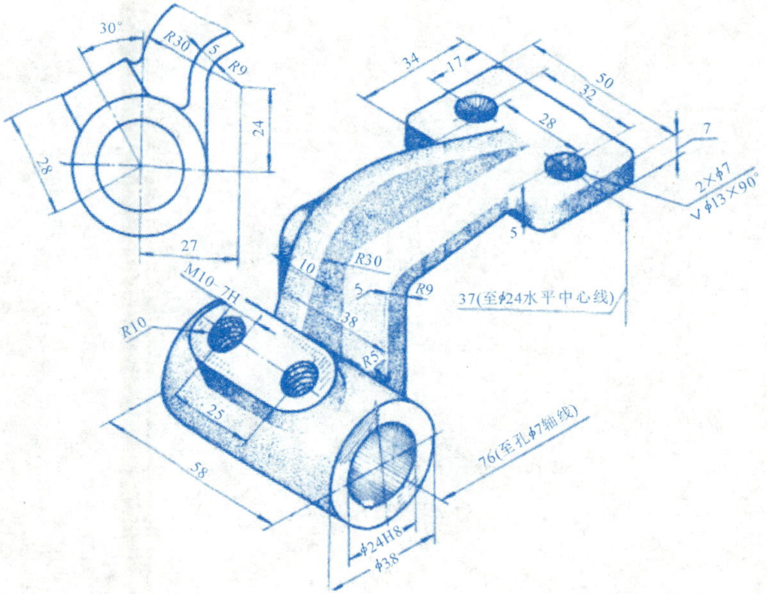

5. 缸体。

（1）ϕ18H8圆孔表面$\sqrt{Ra\,1.6}$；缸体顶面$\sqrt{Ra\,3.2}$；C2倒角表面$\sqrt{Ra\,3.2}$；ϕ8H8孔表面$\sqrt{Ra\,1.6}$；端面$\sqrt{Ra\,6.3}$；所有螺孔均为$\sqrt{Ra\,3.2}$；其余加工表面为$\sqrt{Ra\,12.5}$；毛坯面为$\sqrt{\ }$。

（2）未注圆角$R3\sim R5$。

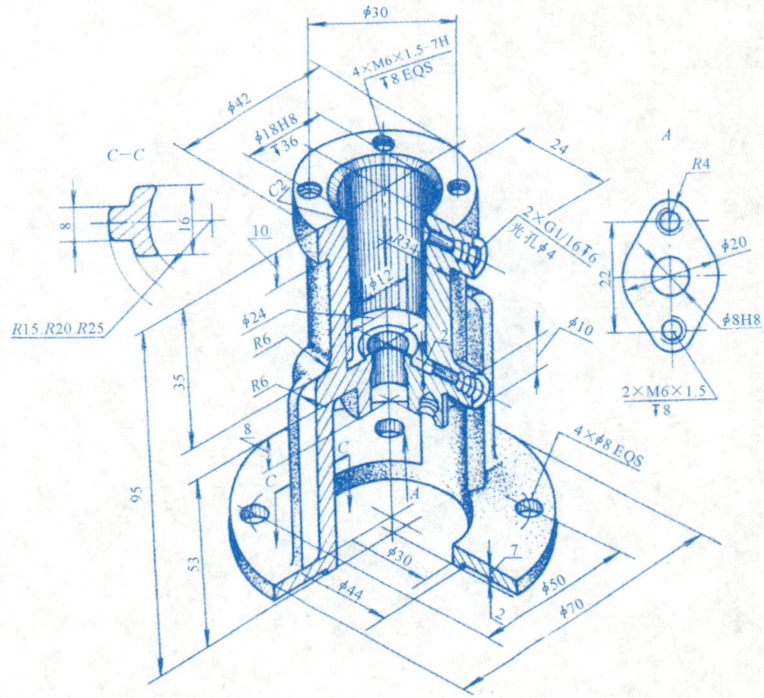

第9章　零件图

9-2　标注零件表面粗糙度

1. 分析(a)图表面粗糙度标注方法的错误之处，将正确注法注在(b)图中。

(a)

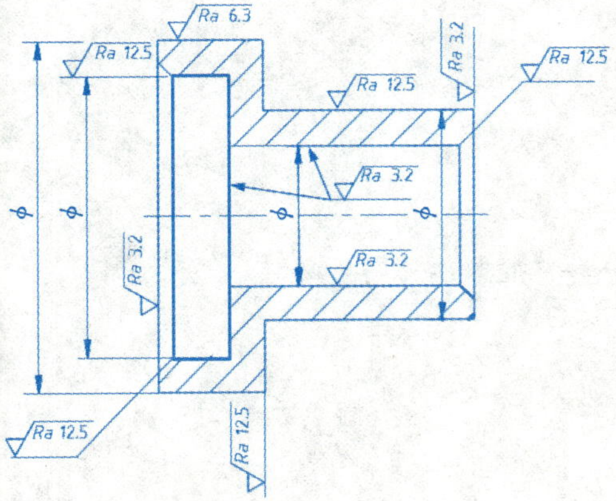

(b)

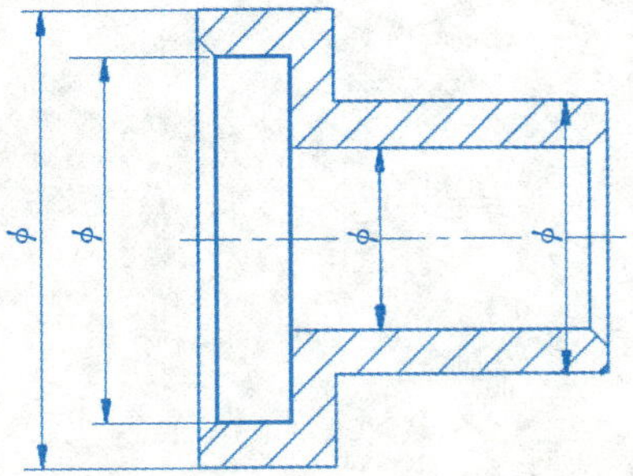

2. 在零件指定表面注写表面粗糙度代号。

表 面	Ra值/ μm
I	3.2
J	12.5
K	6.3
H	1.6
L	12.5
M_1、M_2	25
D_1、D_2	25
E_1、E_2	3.2
其 余	毛坯面

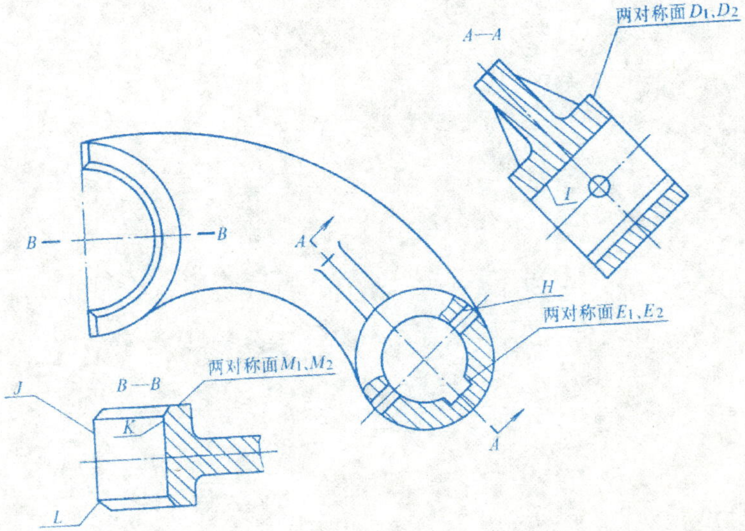

第9章　零件图

9-3　公差与配合

1. 根据图中的标注，将有关数值填入表中。

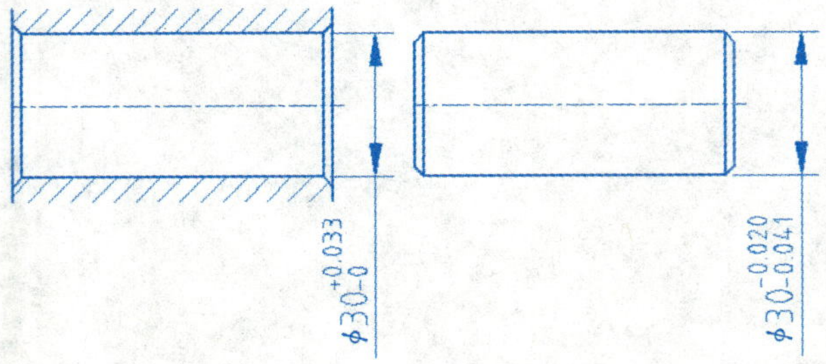

尺寸名称	数　值/mm	
	孔	轴
基本尺寸		
最大极限尺寸		
最小极限尺寸		
上偏差		
下偏差		
公 差		

2. 根据代号查出孔、轴的上、下偏差值，计算间隙或过盈，并说明代号意义（单位：mm）。

序 号	代 号	孔、轴的上、下偏差值		间隙或过盈	代号意义	画出公差带图并标出间隙或过盈
1	$\phi50\frac{H8}{f7}$	孔	$\phi50$			
		轴	$\phi50$			
2	$\phi50\frac{H7}{s7}$	孔	$\phi50$			
		轴	$\phi50$			
3	$\phi50\frac{H7}{k6}$	孔	$\phi50$			
		轴	$\phi50$			
4	$\phi50\frac{M7}{h6}$	孔	$\phi50$			
		轴	$\phi50$			

第9章　零件图

3. 用文字说明图中形位公差的含义。

（a）

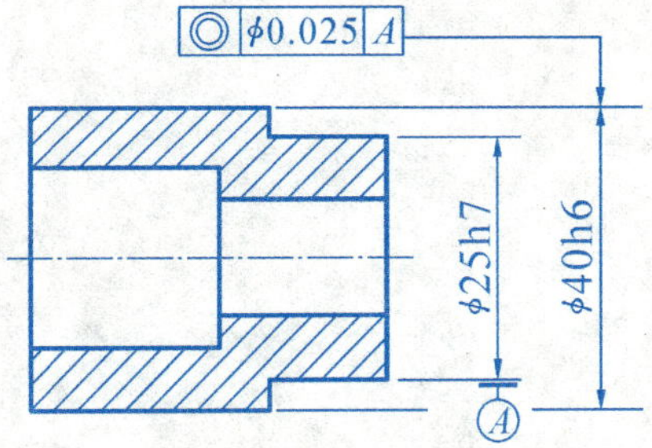

ϕ40h6轴线对ϕ25h7轴线的____公差为ϕ0.025。

（b）

ϕ20圆柱面的______公差为______；
________对圆锥轴段轴线的圆跳动公差为_____。

4. 在图中标注形位公差。

（a）

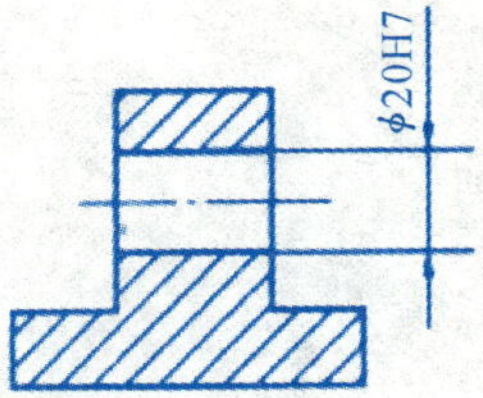

ϕ20H7轴线对底面的平行度公差为0.02 mm。

（b）

顶面对底面的平行度公差为0.02 mm。

（c）

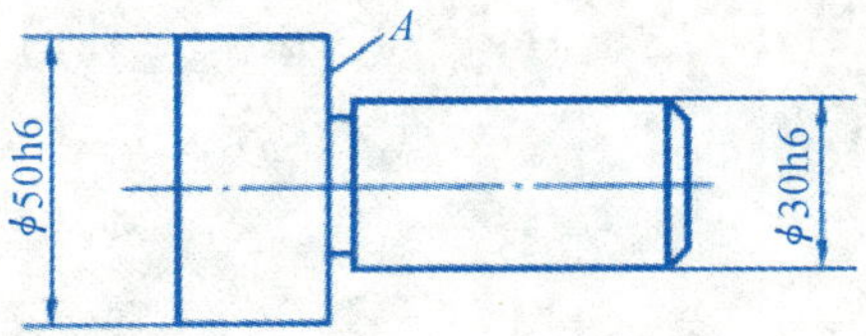

ϕ50h6对ϕ30h6的径向圆跳动公差为0.02 mm，端面A对ϕ30h6轴线的端面圆公差为0.04 mm。

第9章　零件图

9-4　读零件图

1.读铣刀头主轴零件图，并回答下列问题。

（1）主轴零件图采用了哪些表达方法?各视图表达重点是什么?

（2）*A*—*A*、*C*—*C*移出断面的剖切符号为什么不用箭头?

（3）在图中指出主轴长度方向的主要尺寸基准。

（4）解释图中尺寸ϕ28k7的含义。

（5）主轴上左端键槽：槽长是_____，槽宽是_____，槽深是_____，槽位置尺寸是_____，槽底粗糙度是_____。

（6）右端轴段上退刀槽采用什么表达方法？槽宽是________，槽深是_______。

（7）说明图中左右两个形位公差的意义。

（8）将图中所注粗糙度从高到低按次序排列。

第9章　零件图

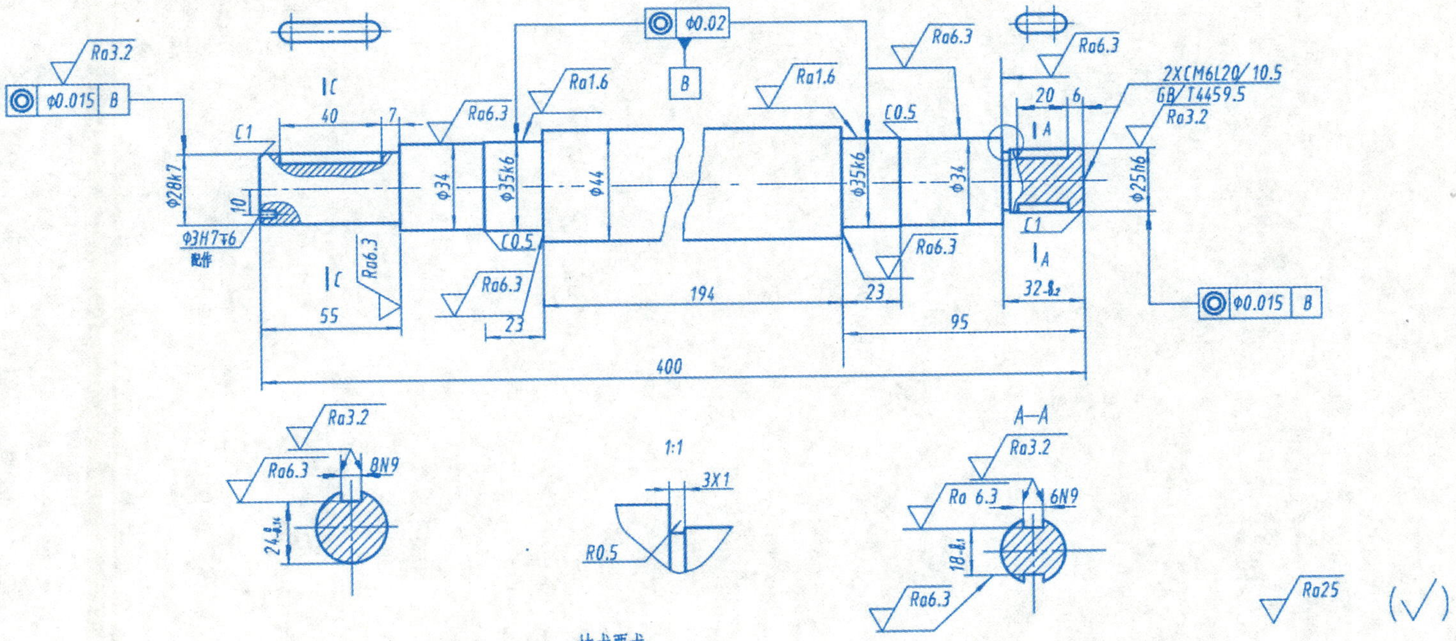

技术要求

1.调质至硬度为220~250HBW;

2.未注圆角R1.5。

铣刀头主轴		比 例	数 量	材 料	7
		1:2	1	45	
制 图					
校 核					

第9章　零件图

2.看端盖零件图，想象该零件的结构形状，完成填空题并画出右视图。

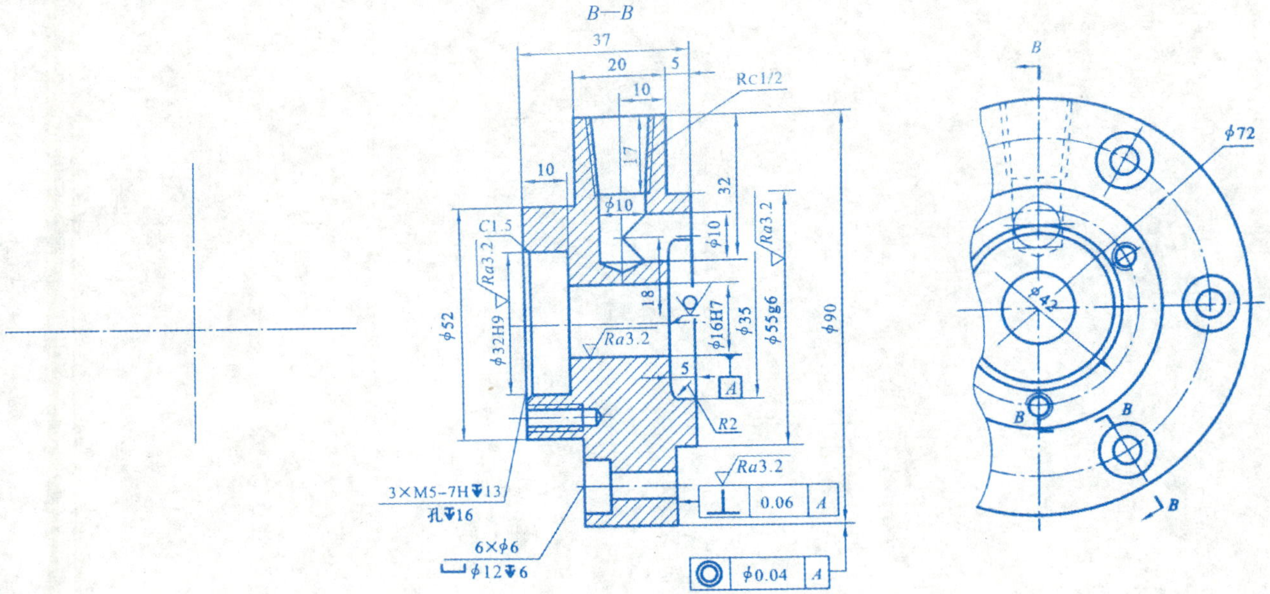

(1) 零件的主视图是______剖视图，采用的是______的剖切平面。

(2) 零件长度方向的主要尺寸基准在______侧，是长度为柱体的端面。

(3) 零件左端面凸缘上有______个螺孔，公称直径是______，爆纹长度是______。

(4) 零件左端面上有______个沉孔，尺寸是______。

(5) 零件上有______处几何公差，它们的几何特征是______度和______，基准是______。

端盖			比例	1:2		
			件数	1		
制图			质量		材料	HT200
描图						
审核						

3. 读缸体零件图，并回答下列问题。

（1）该零件主要采用了_______剖的表达方法；俯视图采用了_______剖表示；左视图采用了________剖的方法表示。

（2）该零件共有M6的螺钉孔____个，其定位尺寸分别是_______，_______。

（3）零件的外表面是______面，其粗糙度代号为“ ⌀√‾‾‾ ”，含义是_______________。

（4）主视图中 [// | 0.05 | G] 的含义是_____________________。

（5）左视图中凸台“T”的形体是_______________。

（6）画出主视图的外形图。

班级　　姓名　　学号

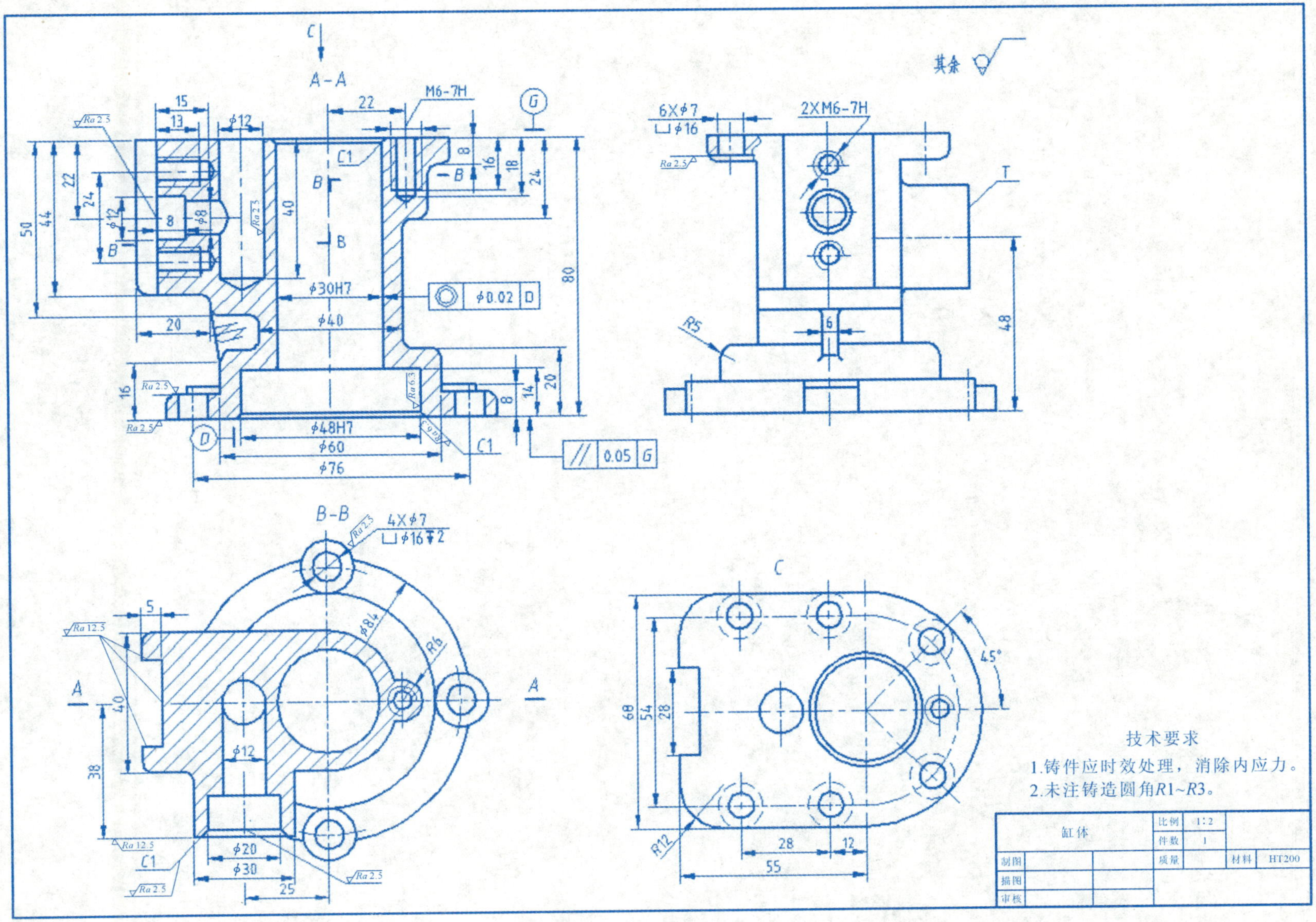

技术要求

1.铸件应时效处理，消除内应力。

2.未注铸造圆角$R1$~$R3$。

缸体		比例	1∶2		
		件数	1		
制图		质量		材料	HT200
描图					
审核					

第10章　装配图

作业指导

1. 作业名称及内容：

（1）图名：千斤顶。

（2）内容：根据所给装配体的结构特点画出装配图。

2. 作业目的及要求：

（1）目的：掌握绘制装配图的方法与步骤，为识读机械图样以及零件测绘打下基础。

（2）要求：恰当选择视图表达方案，标注必要的尺寸，编写零件序号，填写标题栏、明细表。

3. 作业提示：

（1）用A3图幅绘制，比例1∶1。

（2）参阅千斤顶装配轴测图，弄清工作原理，看懂全部零件图。

（3）部件中的标准件可在装配轴测图或示意图上注写标记，当种类多时应列表说明。

（4）注意装配图上的规定画法（如剖面线的画法）、剖视图中某些零件按不剖画法、允许简化或省略的各种画法等。

4. 千斤顶的工作原理：

千斤顶利用螺旋传动来顶重物，是机械安装或汽车修理常用的一种起重或顶压工具，工作时，绞杠（图中未示）穿在螺杆3上部的圆孔中，转动绞杆，螺杆通过螺母2中的螺纹上升而顶起重物。螺母镶嵌在底座里，用螺钉固定。在螺杆的球形面顶部套一个顶垫，为防止顶垫随螺杆一起转动时脱落，在螺杆顶部加工一个环形槽，将一紧定螺钉的端部伸进环形槽锁定。

第10章　装配图

10-1　由零件图画装配图

1. 千斤顶。

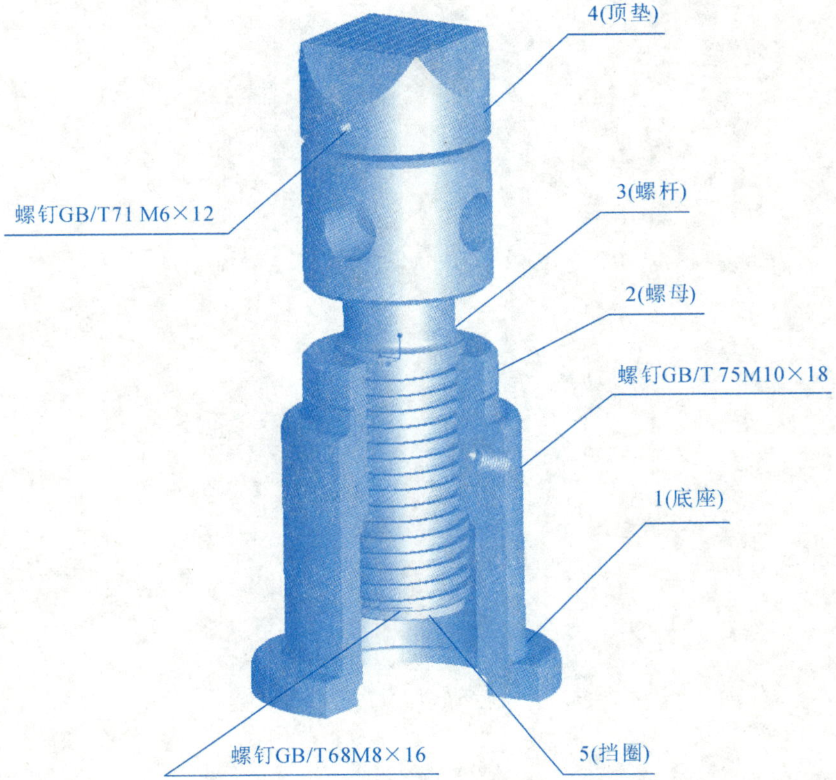

班级　　　　姓名　　　　学号

第10章　装配图

2. 底座。

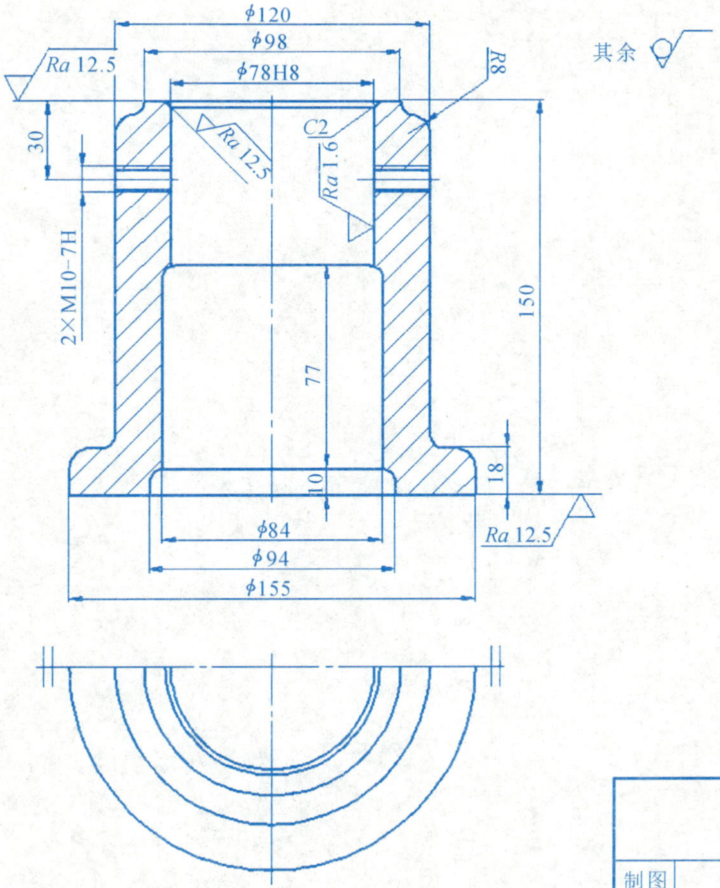

技术要求
未注圆角$R3$～$R5$。

底座		比例	1∶3		
		件数	1		
制图		质量		材料	HT200
描图					
审核					

第10章　装配图

3. 螺杆。

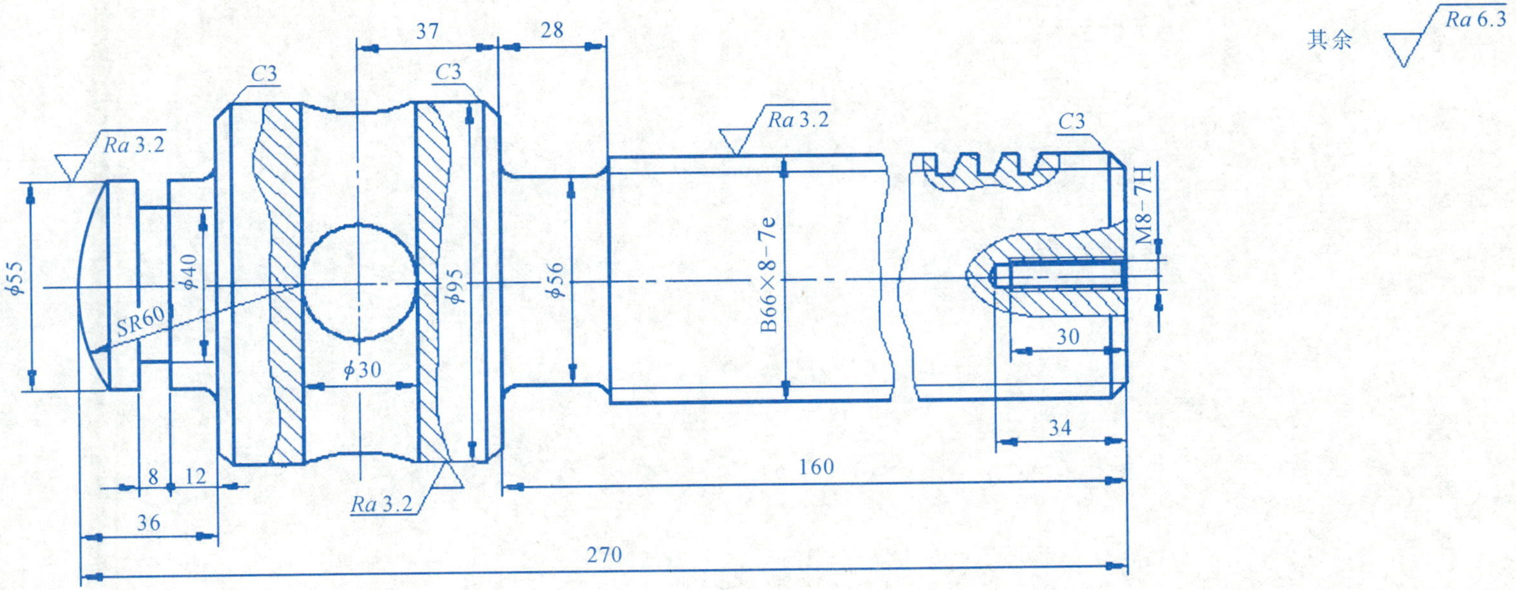

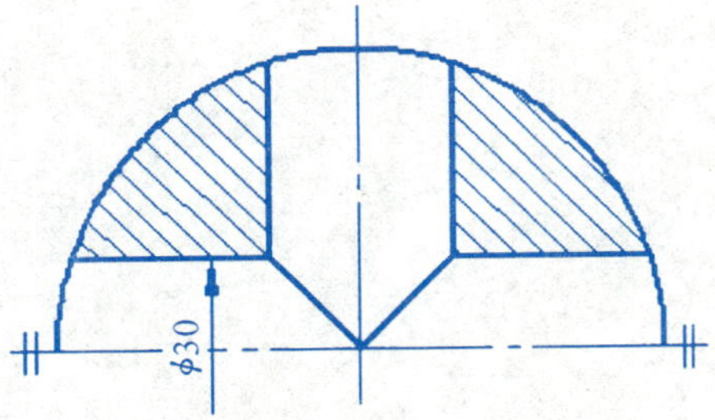

技术要求

1. 未注圆角$R3$～$R5$。
2. 热处理，调质220～240HB。

螺杆			比例	1:2		
			件数	1		
制图			质量		材料	HT150
描图						
审核						

第10章　装配图

4.螺母。

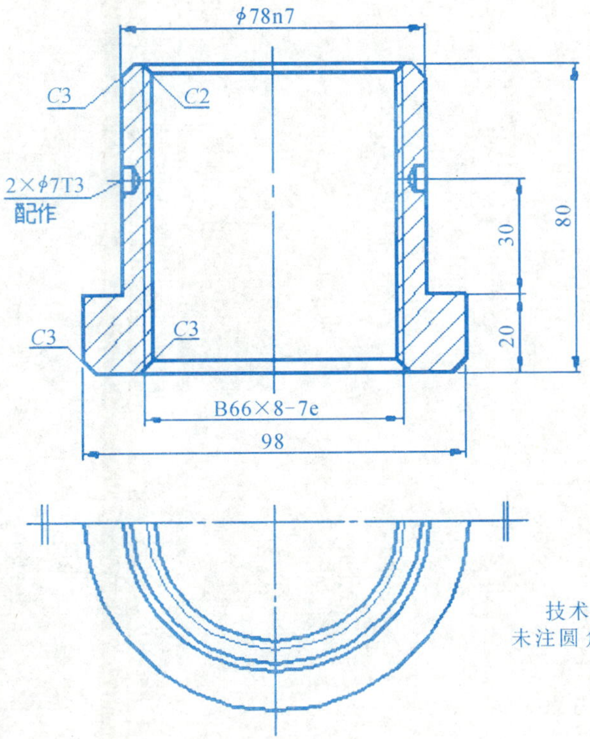

技术要求
未注圆角R1.5。

螺母		比例	1:2	
		件数	1	
制图		质量		材料 ZCuSn5-5-5
描图				
审核				

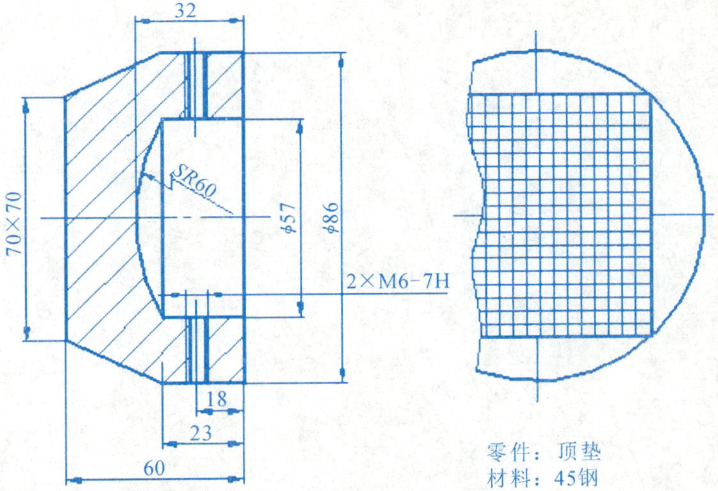

零件：顶垫
材料：45钢

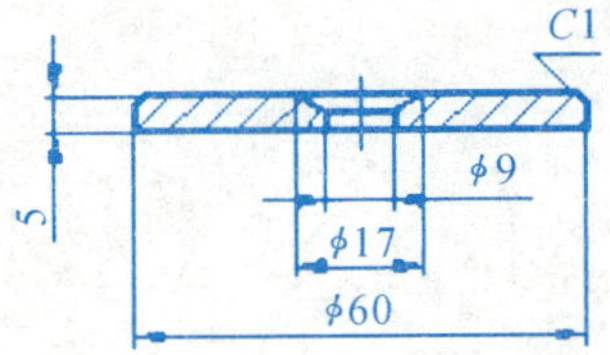

技术要求
发黑。

零件：挡圈
材料：Q235A

第10章　装配图

10-2　读换向阀装配图

1. 换向阀。

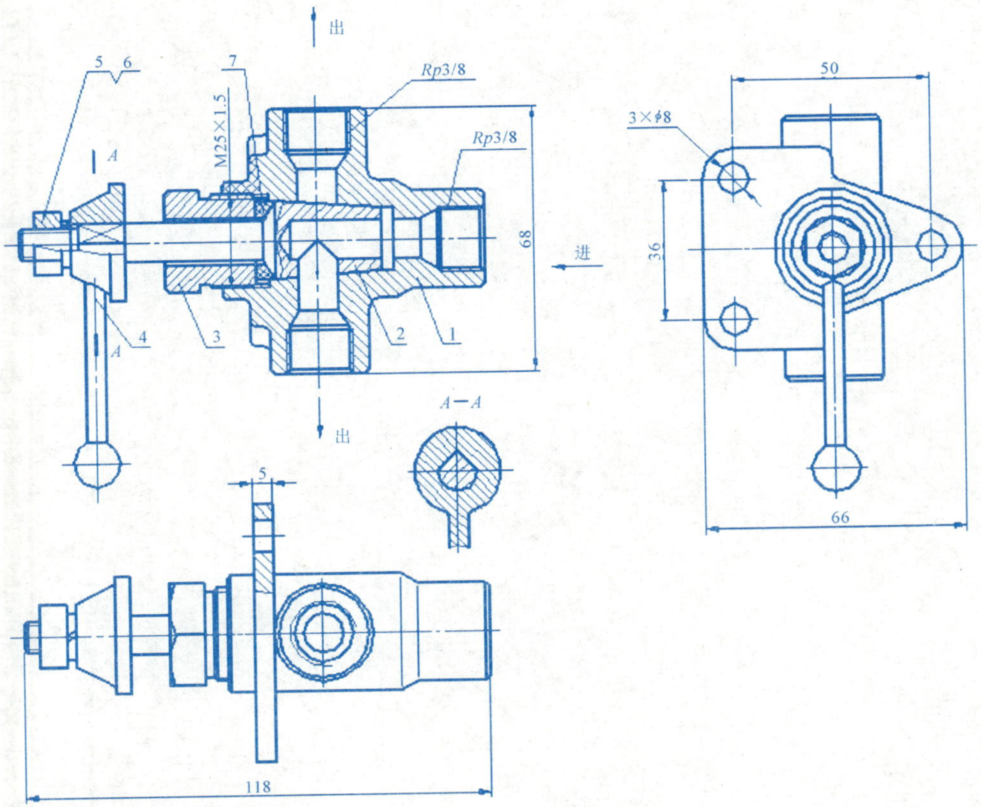

7	填料	1	石棉	
6	螺母M10	1	Q235	
5	垫圈	1	65Mn	
4	手柄	1	HT200	
3	锁紧螺母	1	Q235	
2	阀门	1	HT200	
1	阀体	1	HT200	
序号	名　称	件数	材　料	备　注

换　向　阀		比例	1∶2	11—00
		件数		
制图		质量		共1张　第1张
描图		（厂名）		
审核				

第10章　装配图

工 作 原 理

换向阀用于流体管道中控制流体的输出方向，在图示情况下，流体从右面进入，因上出口不通，就从下出口流出。当转动手柄4，使阀门2旋转180°时，则下出口不通，就从上出口流出。根据手柄转动角度的大小，还可以调节出口处的流量。

读 图 要 求

（1）读懂换向阀装配图。

（2）拆画零件2阀门和零件3锁紧螺母。

（3）拆画零件1阀体。

2. 锁紧螺母。

锁紧螺母			比例		
			件数		
制图			质量		
描图			（厂名）		
审核					

第10章　装配图

3. 阀门。

阀门			比例		
			件数		
制图			质量		
描图			（厂名）		
审核					

第10章　装配图

4. 阀体。

阀体			比例		
			件数		
制图			质量		
描图			（厂名）		
审核					

第10章　装配图

10-3　看蝴蝶阀的装配图，回答读图问题

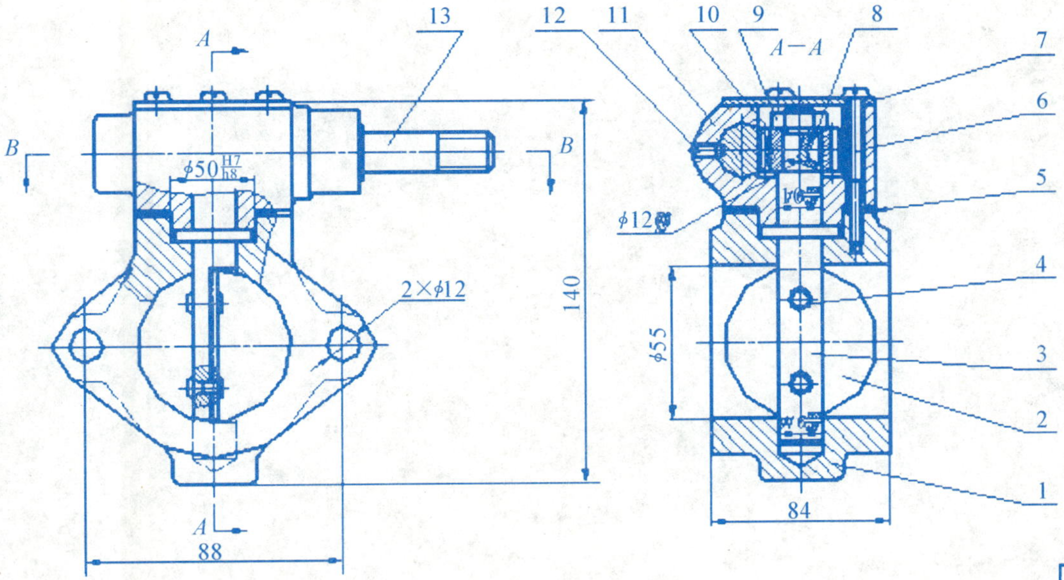

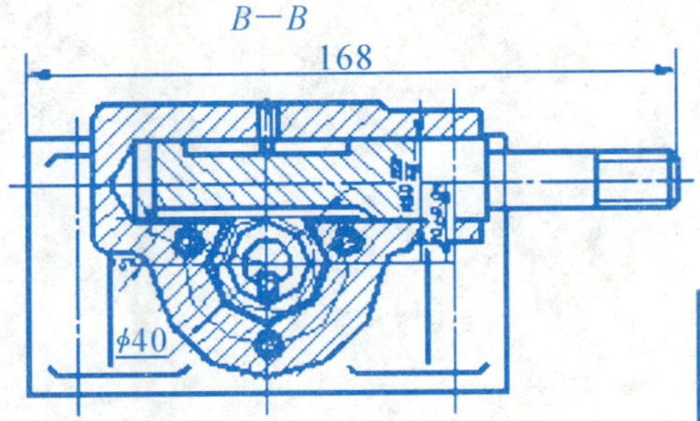

说　明：

蝴蝶阀是管道中用以截断流体的部件。当外力撬动齿杆13左右移动时，与齿杆（齿条）啮合的齿轮10就带动阀杆3旋转，使阀门2开启或关闭。

读图问题：

1. 阀杆3是如何拆的？
2. 如何确定阀杆3上部凸台的形状？
3. 齿杆13上的槽及螺钉12有什么用处？
4. 分析图上所注的尺寸各属于哪一类。

8	半圆键	1	45钢
7	盖板	1	A3
6	螺钉	3	35钢
5	垫片	1	工业用纸
4	铆钉	2	ML2
3	阀杆	1	45钢
2	阀门	1	A3
1	阀体	1	HT200
序号	零　件　名　称	数量	材　料

13	齿杆　m=1.5, z=10	1	45钢
12	螺钉	1	35钢
11	阀盖	1	HT200
10	齿轮　m=1.5, z=16	1	45钢
9	螺母	1	35钢

蝴　蝶　阀	比例	重量	共　张	16.03.00
	1∶3		第　张	
制图				
校核				

第10章　装配图

10-4　根据装配示意图和零件图，画出铣刀头的装配图(用A2图纸)，轴零件图在本书第74页

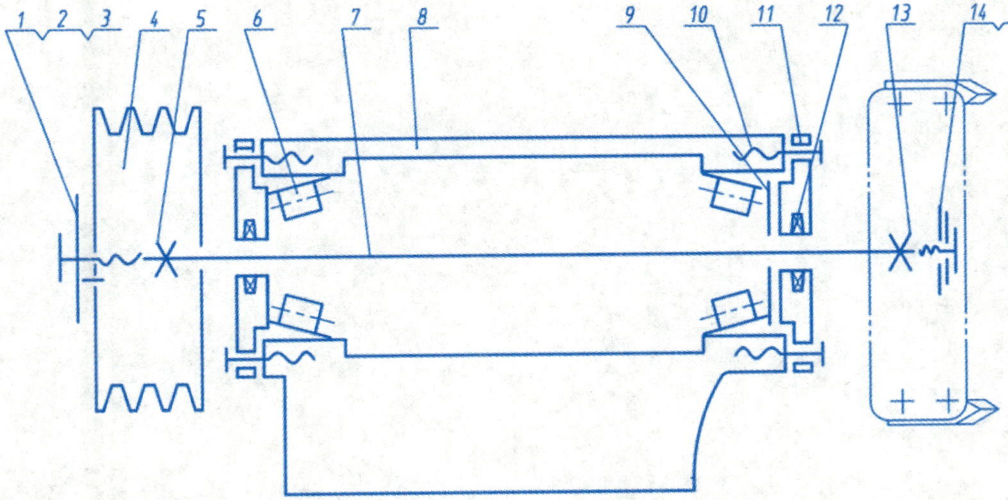

16	垫圈 GB/T 93 6	1	65Mn
15	螺栓GB/T 5782 M6X20	1	35
14	挡圈 GB 892 B32	1	35
13	键　GB/T 1096 8X7X20	2	45
12	毡圈	2	半粗羊毛毡
11	端盖	2	HT200
10	螺钉 GB/T 70.1 M8X20	12	35
9	调整环	1	35
8	座体	1	HT200
7	轴	1	45
6	轴承　GB/T 297 30307	2	轴承钢
5	键　GB/T 1096 8X7X40	1	45
4	带轮(A型)	1	HT150
3	销　GB/T 119.1 3X10	1	35
2	螺钉　GB/T68 M6X20	1	35
1	挡圈 GB 891 35	1	35
序号	零件名称	数量	材料

铣刀头	比例	重量	共　张	(图号)
			第　张	
制图				
校核				

第10章　装配图

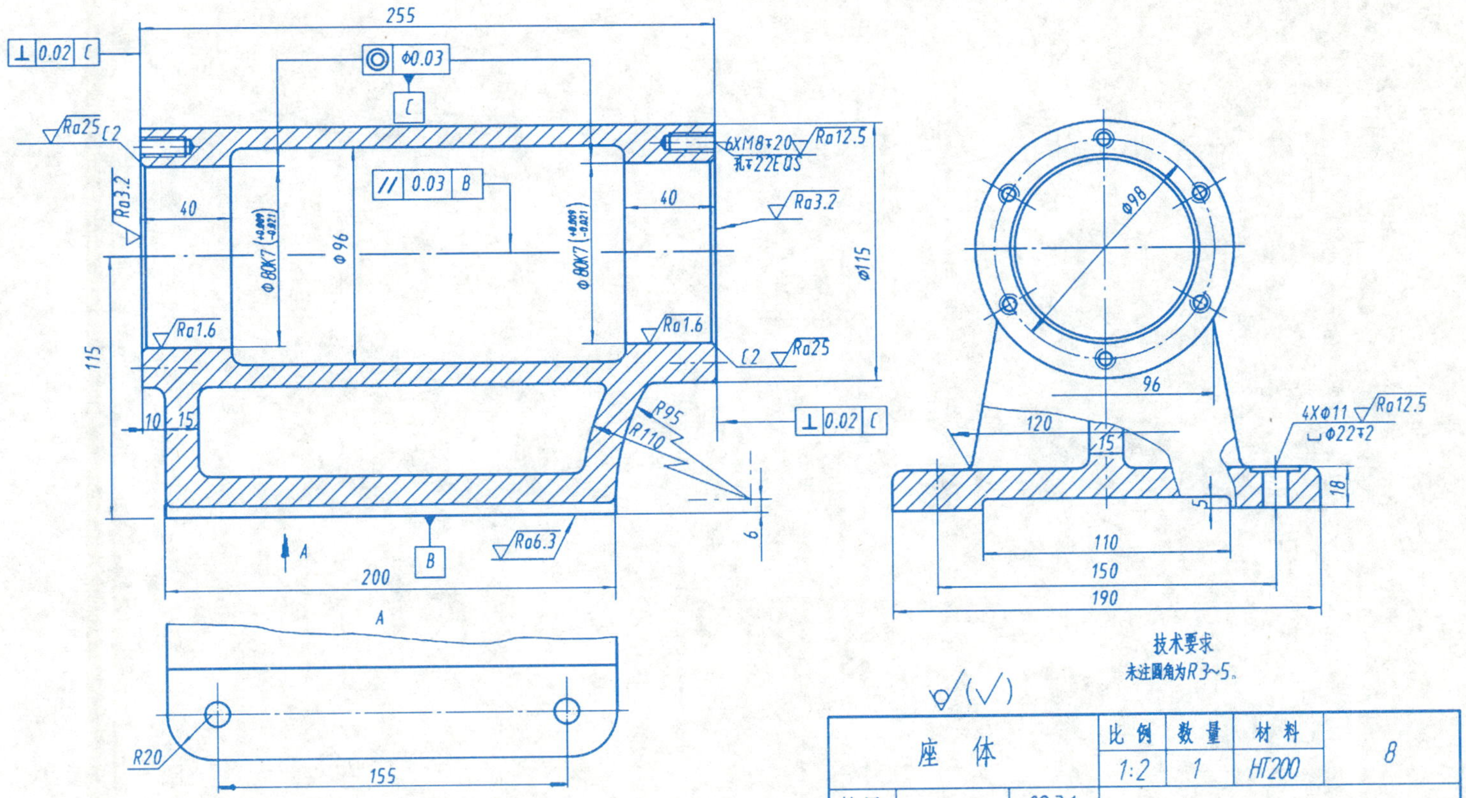

技术要求
未注圆角为R3~5。

$\sqrt{}$($\sqrt{}$)

座　体		比 例	数 量	材 料	8
		1:2	1	HT200	
制 图		02.3.1			
校 核					

第10章　装配图

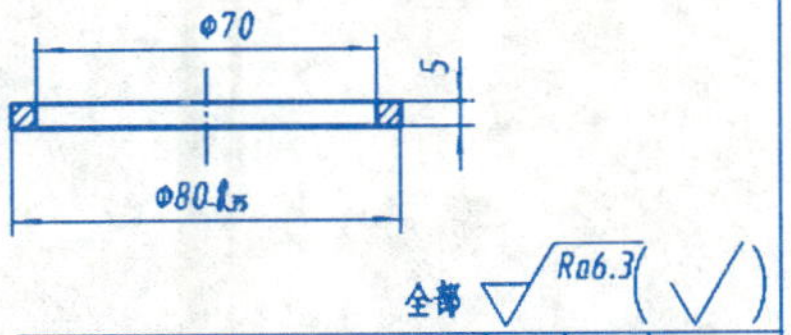

序号	名称	比例	数量	材料
9	调整环	1:2	1	35

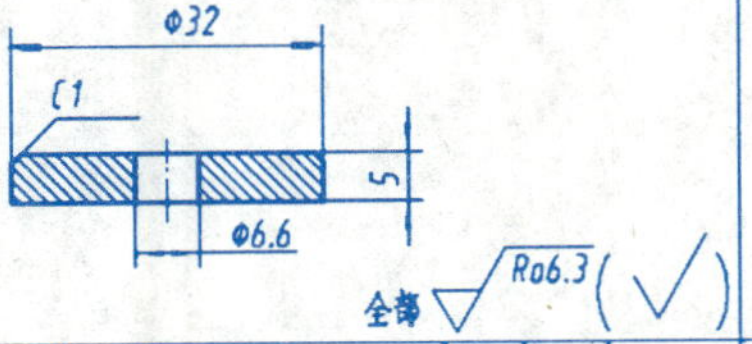

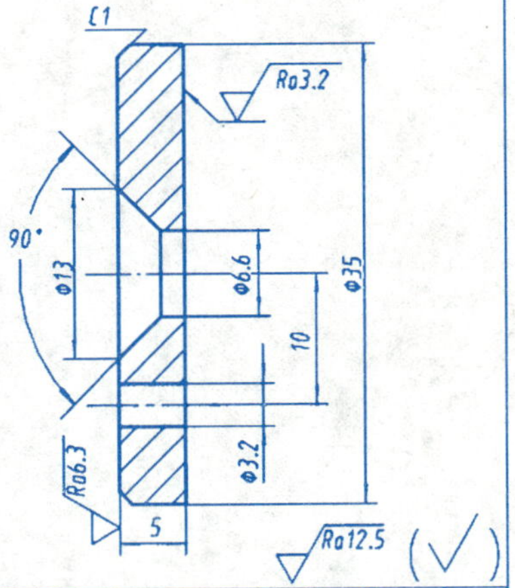

序号	名称	代号	比例	数量	材料	序号	名称	代号	比例	数量	材料
14	挡圈	GB 892 B32	1:1	1	35	1	挡圈	GB 891 35	2:1	1	35

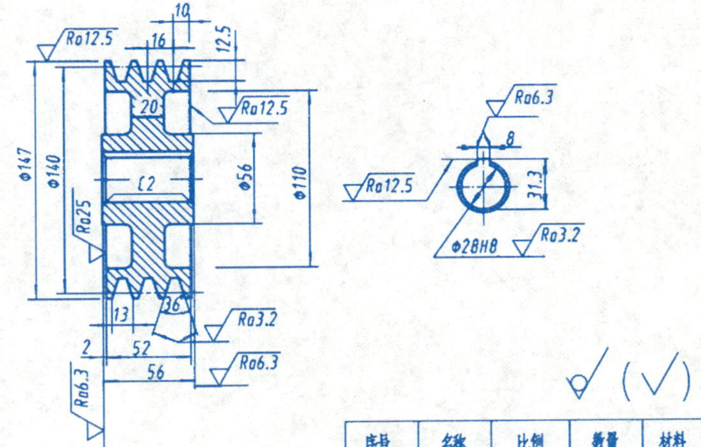

序号	名称	比例	数量	材料
4	带轮(A型)	1:3	1	HT150

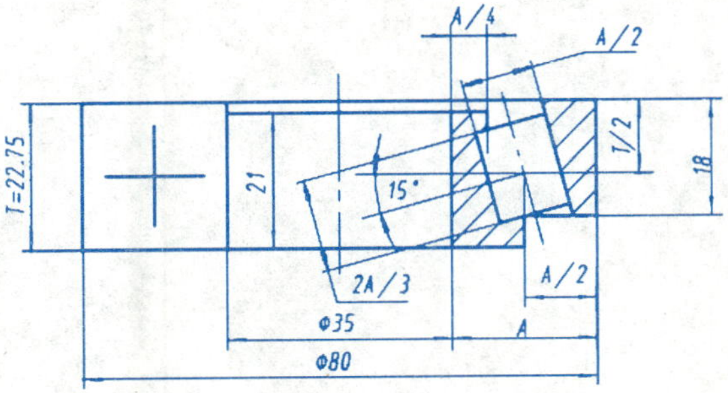

序号	名称	代号	比例	数量	材料
6	轴承	30307 GB/T 297—2015	1:1	2	轴承钢

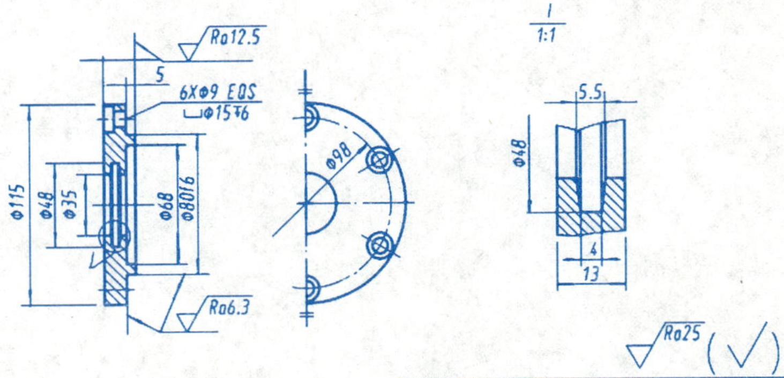

序号	名称	比例	数量	材料
11	端盖	1:3	2	HT200

参考文献

[1] 大连理工大学工程图学教研室. 机械制图习题集[M]. 6版. 北京：高等教育出版社，2013.
[2] 张京英，张辉，焦永和. 机械制图习题集[M]. 4版.北京：北京理工大学出版社，2017.
[3] 阮春红，等. 机械制图基础习题集[M]. 2版.武汉：华中科技大学出版社，2002.
[4] 陶韵晖，向言群，彭南燕.机械制图习题册[M]. 武汉：华中科技大学出版社，2016.
[5] 鲁屏宇.工程制图习题集[M]. 3版.武汉：华中科技大学出版社，2014.
[6] 阮春红，朱洲，陶亚松，程敏.画法几何及机械制图习题集[M]. 8版.武汉：华中科技大学出版社，2021.